县域耕地地力评价方法与成果运用

—— 以浙江省杭嘉湖平原嘉善县调查为例

◎ 徐锡虎 主编

U0349425

中国农业科学技术出版社

图书在版编目(CIP)数据

县域耕地地力评价方法与成果运用：以浙江省杭嘉湖平原嘉善县调查为例／徐锡虎主编 . —北京：中国农业科学技术出版社，2018.4
　ISBN 978-7-5116-3582-2

　Ⅰ.①县… Ⅱ.①徐… Ⅲ.①耕作土壤-土壤肥力-土壤调查-嘉善县②耕作土壤-土壤评价-嘉善县 Ⅳ.①S159.255.4②S158

　中国版本图书馆 CIP 数据核字(2018)第 059946 号

责任编辑　白姗姗
责任校对　贾海霞

出 版 者　中国农业科学技术出版社
　　　　　北京市中关村南大街 12 号　邮编：100081
电　　话　(010)82106638(编辑室)　　(010)82109702(发行部)
　　　　　(010)82109709(读者服务部)
传　　真　(010)82106650
网　　址　http://www.castp.cn
经 销 者　各地新华书店
印 刷 者　北京建宏印刷有限公司
开　　本　710mm×1 000mm　1/16
印　　张　9　彩插 12 面
字　　数　157 千字
版　　次　2018 年 4 月第 1 版　2018 年 4 月第 1 次印刷
定　　价　58.00 元

━◆━◇━ 版权所有·翻印必究 ━◇━◆━

《县域耕地地力评价方法与成果运用》
编　委　会

主　编　　徐锡虎

编　者　　沈轶舒　黄　芳　金炳华

　　　　　张春明　许　红　浦超群

前　言

　　耕地是农业生产中最基本的生产资料，开展耕地地力调查与质量评价是实现从传统农业向精准农业、现代农业转变不可缺少的基础性工作，也是有效保护和合理利用有限的耕地资源，促进农业结构战略性调整，发展安全优质农产品，打造生态高效农业的重要手段。嘉善县在 1981 年 8 月至 1984 年 7 月，进行了全县的第二次土壤普查工作，通过普查，基本查清了土壤类型，面积分布，测定了土壤理化性状和肥力状况，找到了土壤障碍因素，提出了治水改土、轮作增效、科学施肥等综合技术措施，为近 20 年来嘉善县的农业生产起到了极大的推动作用。

　　嘉善县耕地地力调查与质量评价，是根据农业部关于耕地质量调查的工作部署，以《全国耕地地力调查与质量评价技术规程》为主要技术路线，按照浙江省农业厅（浙农专发〔2004〕112 号）文件《关于浙江省 2004 年耕地地力调查与质量评价工作方案》的要求，确定嘉善县为 2004 年太湖流域调查 3 个县（区）之一。

　　嘉善县的调查工作，在浙江省土肥站的精心指导下，在县政府和局领导的支持和关心下，在浙江省农业科学院、浙江大学环境与资源学院、浙江省地质研究院以及县财政局、环保局、国土局、水利局、统计局等部门和有关同志的配合和帮助下，于 2004 年 4 月至 2005 年 5 月基本完成了调查工作。通过取样调查分析，全县各类土壤共评出三个耕地地力等级，进行了土壤养分状况测定分析，对耕地（水田、菜地、园地）环境质量作了评价，建立了嘉善县耕地质量管理信息系统（GIS），并编写了《县域耕地地力评价方法与成果运用》一书。

　　本书共分 7 章 23 节，约 15 万字，有大量图、表插入其中，基本上做到了图、文、表并茂。主要介绍了本县的自然与农业生产概况、技术路线、耕地立地条件与农田基础设施、土壤属性、耕地地力、对策与建议、耕地地力评价成果运用。参阅资料有历年《嘉善年鉴》《嘉善土壤》《嘉善县志》《统计年鉴》《浙江省耕地地力等级划分》等。

本成果报告初稿形成后，先后送浙江省土肥站和嘉兴市土肥站审阅，根据专家们提出的修改意见，最后审核定稿，同时浙江省农业科学院环境保护与土壤肥料研究所提供了 GIS 技术支持。在此对省、市业务部门对嘉善县耕地地力评价与成果运用工作的大力支持表示感谢！本次编写的《县域耕地地力评价方法与成果运用》，鉴于时间紧、编者水平有限，难免存在错误和片面之处，敬请各级领导、专家和同行批评、指正！

编　者

2017 年 12 月

目　录

目

录

第一章

自然与农业生产概况

第一节　自然与农村经济概况

一、地理位置与行政区划

嘉善县地处太湖流域杭嘉湖平原，位于浙江省东北部，江浙沪两省一市交会处，东经 120°44′22″~121°1′45″、北纬 30°45′36″~31°1′12″。境域轮廓呈"田"字形，东邻上海市青浦、金山两区，南连平湖市、嘉兴市南湖区，西接嘉兴市秀洲区，北靠江苏省吴江市和上海市青浦区。全县总面积 506.6km²，其中，陆地占 85.71%，水域占 14.29%。地势南高北低，平均高程 3.67m（吴淞标高）。县城罗星街道东距上海市 90km，西至杭州 110km，南濒乍浦港 35km，北接苏州 91km，处于长江三角洲的中心地带。2009 年底，本县辖 3 个街道 6 个镇：魏塘街道、罗星街道、惠民街道、大云镇、干窑镇、姚庄镇、西塘镇、陶庄镇、天凝镇，下设 104 个村民委员会，44 个（社区）居民委员会，县人民政府驻地罗星街道。2009 年末，全县总人口 38.29 万人，人口密度 756 人/km²。其中，农业人口 20.35 万人，占总人口数的 53.15%。嘉善县所处的地理位置如图 1-1 所示。

二、土地资源概况

（一）耕地利用现状

据县国土资源局统计，2009 年末全县辖区面积 76.15 万亩*，其中，农

---

* 1 亩≈667m²，1hm²=15 亩。全书同

— 1 —

图1-1　嘉善县地理位置示意图

用地面积51.12万亩，占67.13%；建设用地面积14.72万亩，占19.33%；未利用地面积10.31万亩，占13.54%，包括河、湖水面面积10.00万亩，其他未利用地0.31万亩（图1-2）。

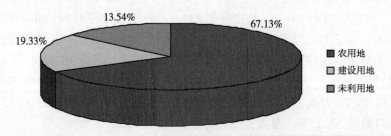

图1-2　嘉善县区域面积类型分布图

据2009年农业年鉴报告，2009年末，全县有耕地45.52万亩，按水旱耕作方式分，水田面积43.29万亩，旱地2.23万亩，其中，基本农田39.48万亩，标准农田31.77万亩；按播种面积分，全县耕地总播种面积73.79万亩，其中，粮食作物43.22万亩、油菜籽1.51万亩、蔬菜23.44万亩、西甜瓜2.97万亩、甘蔗0.02万亩、花卉苗木1.23万亩、其他1.40万亩。粮食作物包含春粮作物 11.56 万亩（其中，大麦 5.66 万亩、小麦 4.44 万亩、蚕豆 1.46 万亩）、水稻 27.35 万亩、番薯 0.94 万亩、玉米 0.66 万亩、大豆 1.90 万亩、杂豆 0.81 万亩。

（二）主要土壤类型和分布规律

嘉善县位于扬子准地台内钱塘台褶带东北的余杭—嘉兴台陷的东北端浙北平原区东北部，为大面积第四系覆盖区。境内地势低平，河湖密布，自东南向西北缓缓倾斜，东南部的大通、大云一带较高，西北部的陶庄、汾玉一带较低。全县平均高程为 3.67m（吴淞标高，下同），地面高差不到 2m，仅东南部个别孤丘超过 4.5m，河流走向大多为西南—东北向，汇入黄浦江。地表均为第四系沉积物所覆盖。依微地形结构，沿三店塘—凤桐港—伍子塘—茜泾塘—清凉庵一线，境域分为南部碟缘高圩区和北部低地湖荡区。

南部碟缘高圩区的范围约占全县总面积的 40%，地势略高于北部低地湖荡区，零星孤区几十平方米到几亩大小不等，为钱塘江古河道北岸沙堤的残余部分，坦荡平整的旱地，历来为境内种瓜植桑、饲养牲畜的重要地区，河道较小，河面较窄，地表以泻湖相沉积物为主，经长期的农桑生产，发育成潴育型水稻土。

北部低地湖荡区的范围约占全县总面积的 60%，属以太湖为中心的浅碟形洼地部分，地面高程一般为 3.2~3.6m，湖荡众多河湖串联。南北向河流宽畅平直，是境内北汇河道的中下游，东西向河流除几条人工开挖的外，大多弯曲，转辗数度而汇入黄浦江。

县境内原为泻湖区，泻湖相的沉积物广为分布，几千年来在人类生产活动的参与下发育了土层深厚、黏性较重的脱潜潴育型水稻土。全县地势平坦，土地利用率高。

受地形地貌、水文、母质及人为活动的深刻影响，土壤类型的分布呈一定的规律性，路南地区地势较高，冬春季水位稳定在 46cm 左右，土壤类型分布多见黄斑塥田、黄心青紫泥田；路北地区的地势低洼，土壤母质以湖沼相沉积为主，并有河湖相沉积物相间存在，土壤类型较为复杂，以土层中有腐泥层的青紫泥田、黄化青紫泥田、黄心青紫泥田土种为主。在红旗塘和夏墓塘等大荡漾四周的倾斜地形地段，分布有因倾斜漂洗而形成的白心青紫泥田。干窑、洪溪、天凝、下甸庙等地，由于长期的取泥制坯，地面表层剥夺严重，土壤的发生层次区相对提高，可见到大量的黄斑塥土种分布，红旗塘两边窑业，因地面剥夺原分布着的白心青紫泥田，已变成为白塥青紫泥田。俞汇、丁栅及陶庄、汾玉一线，受微地貌影响，略高于低洼圩田的岛状圩田土体中，可见到脱潜程度较明显，犁底层下出现一面积大于20%小于50%的黄化层次，是黄化青紫泥田的主要分布地域。

综观全县的土壤分布，从南到北为：碟缘高田的黄斑堀田、青塥黄斑田—黄心青紫泥田及由取土做坯造成的去头黄斑堀田—红旗塘两岸的白堀（白心）青紫泥田—低洼圩田的青紫泥田、腐堀（腐心）青紫泥田—岛状圩田的黄化青紫泥田。

按照2004年全国耕地地力调查与质量评价的要求，在省市土肥部门的精心领导和部署下，对照《嘉善县土壤志》，将原来的土壤分类作了重大调整，将原来的（第二次土壤普查时）2个土类、3个亚类、6个土属、19个土种，调整为2个土类、5个亚类、7个土属、13个土种；其中水稻土类占98.14%，潮土类占全县土壤面积的1.86%，见下表。

表　嘉善县耕地调整后的土壤类型表　　　（面积：亩）

土类		亚类		土属		土种		
代号	土名	代号	土名	代号	土名	代号	土名	面积
8 (5)	潮土	81 (51)	灰潮土	815 (515)	潮泥土	815-1 (515-1)	潮泥土	6 375.4
				816 (516)	堆叠土	816-2 (516-2)	壤质堆叠土	2 135.7
10 (7)	水稻土	102 (71)	渗育水稻土	1026 (727)	小粉田	1026-3 (727-30)	青紫头小粉田	6 652.4
		103 (72)	潴育水稻土	1038 (726)	黄斑田	1038-1 (726-1)	黄斑田	88 646.3
						1038-2 (726-2)	青塥黄斑田	38 520.7
						1038-7 (726-7)	泥汀黄斑田	905.9
		104 (73)	脱潜潴育水稻土	1041 (731)	黄斑青紫泥田	1041-1 (731-1)	黄斑青紫泥田	71 886.2
				1045 (735)	青紫泥田	1045-1 (735-1)	青紫泥田	98 941.4
						1045-2 (735-2)	泥炭心青紫泥田	2 252.3
						1045-3 (735-3)	白心青紫泥田	40 825.9
						1045-4 (735-4)	黄心青紫泥田	95 763.8
						1045-5 (735-5)	粉心青紫泥田	2 710.5

土 类		亚 类		土 属		土 种		
代号	土名	代号	土名	代号	土名	代号	土名	面积
10 (7)	水稻土	105 (74)	潜育水稻土	1053 (744)	烂青紫泥田	1053-1 (744-1)	烂青紫泥田	2 383.5
			全县合计					458 000.0

嘉善县的耕地土壤除质量上有下降趋势外，在数量上也在不断减少之中。据县统计资料显示：1979 年人均占有耕地为 1.57 亩，到 2009 年人均占有耕地为 1.19 亩，下降了 24.20%。土地为不可再生的资源，耕地数量呈减少趋势已成为一个不争的事实，特别是在建设和生活水平提高不得不占用耕地的情况下，保护耕地，提高耕地质量，以增加农业产出和改善农产品质量来弥补耕地数量的不断减少，对我们广大农业工作者来说是一个严峻的挑战。

三、自然气候与水文地质条件

（一）自然气候条件

嘉善县位于北亚热带南缘的东亚季风区，我国东部沿海地带，属于典型的亚热带季风气候，温和湿润，雨量充沛，光照充足，无霜期长，且四季分明，具有春湿、夏热、秋燥、冬冷的特点。历年平均气温 15.8℃，1 月最冷，月平均气温 3.7℃；7 月最热，月平均气温 27.8℃。历年平均初霜日 11 月 14 日，终霜日 3 月 25 日，平均无霜期 233.6 天。平均初结冰日 11 月 29 日，年平均结冰天数 39 天。年平均降水量 1 155.7 mm。最高年（1999 年）为 1 683.4 mm，最低年（1978 年）为 695.1mm。全年降水季节分配不均，呈"双峰型"特点，一年中有两个雨季（春雨梅雨期和台风雨期）和两个相对旱季（伏旱和秋冬旱）。历年平均降雪日数 7.8 天，1 月最多，达 3.5 天。最大积雪深度 22cm，出现在 2008 年 2 月 2 日。历年平均日照时数 1 927.3 h，其中，1—2 月最少，平均在 125h 以下；而 7—8 月最多，平均在 210h 以上；历年平均风速 3.1m/s，瞬间风速≥17m/s 的大风平均每年 5.4 天。历年出现的最大风速 35.5m/s（12 级以上），出现在 1987 年 3 月 6 日。

（二）水文地质条件

嘉善县水文站创建于民国 18 年（1929 年）5 月，6 月始测降水量，并观测魏塘市河水位。民国 20 年（1931 年）5 月，在西塘设专用站，观测西塘市河水位。1975 年增设西塘红旗塘水文站，1977 年 9 月，又增设俞汇池家浜、陶庄东珠浜、姚庄清凉及大舜坟头 4 个观测站。全县水域面积总计 72.40km²，占区域面积的 14.29%，河流总计长度 1 693.7 km。境内主要湖荡河流有汾湖、长白荡、马斜荡、蒋家漾、夏墓荡、祥符荡、芦墟荡、伍子塘、长生塘、红旗塘、幸福河等。因水系东泄，北汇通道仅黄浦江一条，又水位落差极小，故众多的河荡对洪涝的自然调节作用较差，多患涝灾。常水位以下总库容为 1.49 亿 m³，2.66~4.0m 水位可调蓄库容 0.85 亿 m³；单位面积河道长度 3.34km，库容 29.40 万 m³，2.66~4.0m 水位可调蓄库容 16.8 万 m³。

多年平均年径流深在 350~400mm，平均年径流量为 1.89 亿 m³。年平均水位 2.66m，历史最高水位 4.23m（1999 年 6 月 30 日），最低水位 1.88m（1970 年 2 月 17 日），警戒水位 3.30m。由于西承嘉兴、崇德大运河及江苏太浦河来水过境，东受上海黄浦江潮汐影响，东部地区潮水涨落明显。县东部最大潮差为 0.73m，中部最大潮差为 0.47m，西部潮差在 0.1m 以下。丰水年份，路北地势低洼地区因西来过境水量大，再加上黄浦江潮水顶托，流速缓慢，泄水不畅，极易酿涝成灾。嘉善县多年平均水资源总量为 2.3 亿 m³，人均水资源占有量为 604m³，相当于全省人均水资源占有量的 1/4。

四、农村经济概况

嘉善县在历史上是一个纯产粮区，有"嘉禾一壤，江淮为之康；嘉禾一歉，江淮为之俭"的谚语。新中国成立以后，进行土地改革，开展互助合作，逐步推行农业机械化、电气化、水利化、化学化，大力推广先进科学技术和耕作制度，农业生产迅速恢复和发展，1958 年粮食亩产达到 270kg。但是，1958 年以后，由于"左"倾的错误，挫伤了农民的生产积极性。直至十一届三中全会以后，实行家庭联产承包责任制，极大地调动了农民的生产积极性，农民有了生产自主权。1985 年农村进行第二步改革，开始调整农业产业结构，大力发展商品性生产，生猪、家禽、水产的养殖量迅速增加，番茄、西瓜、蘑菇等瓜菜有新的发展。全县逐步形成以粮油、蔬果、蘑菇为主的种植业，以畜、禽、渔为主的养殖业，以食品、轻纺、建材为主的乡村工业和商、运、服同步配套协调发展的农村产业结构。1985 年，嘉善县被列入长江三角洲经济开发区，1986 年 3 月列为开放地区。

进入 20 世纪 90 年代后，嘉善县以"农业增效，农民增收，增加社会有效供给"为目标，抓好粮食生产，调整产业结构，推进农业产业化经营，开展科技兴农，落实各项为农服务措施，农村经济获得了持续、协调、快速地发展。1994 年，被列为国家级商品粮生产基地县，同时获得国家林业局的"平原绿化县"称号。进入 21 世纪，嘉善县紧紧围绕率先基本实现农业和农村现代化为目标，积极调整农业产业结构，大力扶持优势农产品发展，推进农业生产区域化布局，提升农业产业化经营水平，提高了农业综合生产能力和农产品市场竞争力，农业和农村经济实力大大增强。2002 年以来连续位列全国百强县。据统计，2009 年全县实现地区生产总值 227.33 亿元，按可比价格计算，比上年增长 10.5%。按户籍人口计算，人均生产总值达 59 437 元，比上年增长 10.3%。第一产业增加值 17.50 亿元，比上年增长 3.3%；第二产业增加值 133.53 亿元，比上年增长 9.9%；第三产业增加值 76.30 亿元，比上年增长 13.5%。三次产业结构比由 2008 年的 7.9：60.1：32.0 调整到 2009 年的 7.7：58.7：33.6。比上年减少 8.8%。图 1-3、图 1-4 是嘉善县农业总产值情况和农村居民人均纯收入历年比较图。

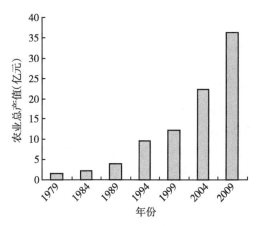

图 1-3 嘉善县历年农业总产值情况

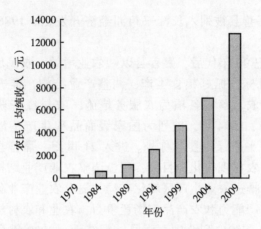

图1-4 嘉善县农村居民人均纯收入情况

第二节 农业生产概况

一、农业发展历史

农业是自然再生产和经济再生产交织进行的社会生产，既受自然规律的影响，又受社会经济技术条件的制约。嘉善县历史上是个纯产粮区，是典型的"鱼米之乡"。大量出土文物证明，早在6 000多年前，先人已在沼泽开田，火耕水种，从事水稻种植。隋唐时期，随着江南大运河的开通，成为向朝廷送交皇粮的重要产粮区。但是新中国成立以前，占总户数2.82%的地主，占有55.06%的土地，这种封建土地所有制，长期束缚着生产力的发展。加上历代统治阶级的剥削、压迫更兼灾害频繁，战乱不断，生产工具和技术水平落后，劳力不足，产量很不稳定，农民生活贫困。

1949年5月解放，由于经历了长期战乱，这年又遇水灾，受淹农田10余万亩，致使农业歉收。粮食总产9.78万t，油菜籽1 280.3 t，均低于新中国成立前常年产量，鲜茧产量43.5t，更低于历年常年产量；生猪饲养量2.69万头，鱼产量700t，农业总产值4 314万元，农村经济处于十分困难的境地。土地改革以后，逐步推行农业机械化、电气化、水利化，大力推广先进科学技术和耕作制度，农业生产迅速恢复和发展。1958年全县粮食亩产达到270kg。但是，受三年自然灾害和"文化大革命"的影响，农业发展又陷入僵局。

十一届三中全会以后，推行家庭联产承包责任制，开展多种经营，发展二三产业，实施科技兴农，增加对农业的投入，疏通流通渠道，提高农产品收购价格，促进了农业的发展。据 1980—1992 年统计，1992 年农业总产值4.2 亿元，比 1976 年增 2.92 倍，年递增 8.9%，粮食产量除 1980 年、1981年在 25 万 t 以下外，其他年份都在 30 万 t 以上，其中，1984 年产量达39.59 万 t。油菜籽产量逐年上升，1985 年最高产量达 15 119t；蚕茧产量一直稳定在万担（1 担=50kg）左右；生猪饲养量连续稳定在 55 万头以上；渔业生产 1992 年渔产品量达 10 936t，比 1976 年增长 9.87 倍，农业生产条件逐年得到改善，1992 年全县农业机械总动力达 34.14 万 kW，农村用电13 627.86 万 kW 时，比 1976 年增 3.64 倍，农村经济总收入自 1984—1992年每年平均以 21.8%的速度递增。

进入 90 年代以后，嘉善县以农业结构调整为主线，促进农业增收，农民增效为目标，大力发展"一优两高"农业，积极实施"万亩亿元"工程、"种子种苗工程""金桥工程"，农业产业化经营取得显著成果。

二、农业发展现状

进入 21 世纪新阶段，嘉善县以农业增效、农民增收，率先实现农业和农村现代化为目标，以粮食购销市场化改革为契机，大力发展区域优势农产品，提升农业产业化经营水平，提高农业综合生产能力和农产品竞争力，取得了明显效果。近年来，嘉善县围绕都市型农业发展方向，大力调整农业产业结构，发展高效生态农业和精品农业，形成了"五色产业带"。一是绿色产业带，主要是大棚设施栽培，全县大棚种植面积居全省第一；二是白色产业带，主要是食用菌（蘑菇），现有栽培面积居全省第二；三是蓝色产业带，主要是北部淡水养殖；四是彩色产业带，主要是花卉产业；五是金色产业带，主要是水稻。

2009 年，嘉善县农业总产值达到 36.26 亿元，其中，农业、林业、牧业、渔业产值分别达到 22.67 亿元、106 万元、8.78 亿元。粮食总产量18.99 万 t，43.22 万亩，油菜籽 4.51 万亩，蔬菜（包括菜用瓜）23.44 万亩，其中，大棚菜瓜面积 4.90 万亩，花卉苗木 1.23 万亩，水果 2.02 万亩，春秋两季食用菌面积 477.78 万 m²，年内生猪出栏数 83.08 万头，优质家禽701.02 万羽，淡水养殖 3.44 万亩。初步形成粮油、菜瓜、食用菌、水果、花卉、水产等几大优势主导产业，魏塘镇的甜瓜、杨庙镇的雪菜、丁栅镇的

甲鱼、姚庄镇的蘑菇、干窑镇的大米、西塘镇的蛋鸭等已有一定的知名度。"干窑大米""锦绣黄桃"等多个农产品并被认定为浙江省著名商标，农业发展成效突出，农民收入得到持续增长。到2011年10月，已创建了2个现代化农业示范园区、8个主导产业示范区、10个特色农业精品园；建设了农业网络信息和农技110服务中心为主体的农业服务新体系。

嘉善县农产品基础设施投入逐年递增，2009年全县机耕面积为43.35万亩，占耕地总面积的95.23%，有效灌溉面积达43.35万亩，占耕地面积的95.23%，旱涝保收面积37.35万亩，占耕地面积的82.05%。

第三节　耕地利用与保养管理的简要回顾

一、土壤普查对耕地质量的评述

嘉善县在1959年进行了第一次土壤普查，为因地制宜贯彻"农业八字宪法"提供了资料，促进了当时的农业生产。时隔20多年，1981年8月至1984年7月进行了第二次土壤普查，查出全县总面积75.99万亩，其中，耕地面积 53.92 万亩，占 72.4%。土壤有水稻土和潮土两个土类，下分 3 个亚类，6 个土属，19 个土种。其中，水稻土类占 94.7%，潮土类占 5.3%。水稻土类以黄斑田、青紫泥田、半青紫泥田为主要土属，分别占水稻土类的 30.7%、37.9% 和 31.1%。

嘉善县在长期精耕细作的影响下，特别是新中国成立以来，规模较大的农田基本建设和土地平整，改善了土壤的环境条件，通过埋设地下暗管，降低地下水位，协调了水气矛盾。嘉善县的黄斑田土壤耕作层物理性黏粒含量（小于 0.01mm）达 55.64%（n = 75），犁底层物理性黏粒含量（小于 0.01mm）高达 57.87%（n = 75），含水不吐，土壤水分一般偏高。水稻土大部分呈微酸性—中性反应，pH 值 5.5～7.5 占 98.6%，其中，中性占 53.9%，微酸性占 44.7%，酸性和偏酸性占 0.2% 和 1.2%。

土壤养分是作物营养成分的重要来源，它包括土壤养分含量和供应能力。根据全县 751 个耕层样品的常规分析，全县土壤养分含储量比较丰富，但土壤养分分布不平衡。据分析，全县土壤有机质比较丰富，平均为（3.5±0.49）%，变异系数为 13.95%，因而，各镇之间差异不大；水稻土全氮平均含量为（0.20±0.09）%，变异系数为 13.91%；全县磷素含量很不平衡，有效磷含量平均为（7.6±3.24）mg/kg，变异系数为 42.5%，缺磷面积占水田总面积的 64.7%，其中，严重缺磷面积占水田总面积的 42.0%；全县土壤有效钾含量不高，平均为（99.3±20.95）mg/kg，变异系数为 21.1%，其中，有效钾>100mg/kg，占 40.1%；80～100mg/kg，占 40.6%；<80mg/kg，占 19.3%，说明嘉善县有 19.3% 的面积缺钾。

嘉善县土壤成土母质为湖河、浅海相沉积物，质地偏黏，物理性黏粒（<0.01mm）含量为 41.8%～64.36%，黏粒含量（<0.001mm）为 5.52%～33.22%。处于路南的平原高田，以河、海相沉积物为主，物理性黏粒（<0.01mm）含量平均为 54.95%，其幅度为 41.99%～64.36%，黏粒含量（<0.001mm）平均为 24.1%，其幅度为 5.52%～33.36%。处于路北的低洼田，以湖河相沉积物为主，应该较为黏重，但因地势低，受多次沉积物的影响，土层上部的土壤质地与路南的河相沉积物差不多，物理性黏粒（<0.01mm）含量平均为 56.23%，黏粒含量（<0.001mm）平均为 24.8%，也以粗粉沙为主平均为 40.9%。

对全县主要土种及部分高产土壤和一些低产土壤的容重进行了测定，变幅为 1.08～1.39g/cm³，平均为 1.33g/cm³，总孔隙度 60.4%～45.7%，平均为 53.3%，容重超过 1.25g/cm³，总孔隙度在 52%，僵结土壤占 33% 左右。

二、实施重大项目对耕地质量的影响

第二次土壤普查以后,嘉善县相继开展了土地整理、中低产田改造、农业综合开发、国家商品粮基地建设以及沃土工程建设等项目的实施,对嘉善县耕地的综合利用和保养管理起到了积极的推动作用,对农业可持续发展具有重要的意义。

20 世纪 80 年代中期,县境北部低洼涝区,全面进入圩区整治阶段,1986—1990 年,利用国家和浙江省发展粮食专项奖金,进行圩区建设。从 1988 年开始利用国家和浙江省土地建设资金,进行中低产田改造。对原规划的 158 个圩区,进一步扩大联圩面积,把抗洪排涝能力,提高到抗洪 20 年一遇、排涝 10 年一遇的标准。

从 1992 年嘉善县被列入国家农业综合开发项目区以后,对全县农田基本设施进行全面改造,通过农业综合开发,全县的农业综合生产能力有了较大的提高,粮食复种面积单产较正常年份增产 70 多千克,每亩可减少损失 100kg 左右。农业基础设施得到明显改善,初步形成了农田标准化,规划园田化,农业生态化的局面,农作物抗御自然灾害的能力进一步增强。尤其在 1998—2002 年,全县实施土地整理工作,近有 70% 的耕地田内水利、交通等设施得到有效改善,为嘉善县提前实现农业和农村现代化奠定了良好的基础。

1994 年,嘉善县列入国家级商品粮生产基地,通过加强县镇两级农技推广体系建设,农业综合服务设施建设,良种繁育体系建设,农机化服务建设等,进一步提高了服务农业的科技水平,改善了农业生产条件,推广了一批先进实用新技术。与此同时,嘉善县农技部门大力实施了农田"沃土工程"建设,坚持用地与养地相结合,在水稻种植区提倡冬季多种绿肥,在大棚设施栽培区推广水旱轮作种植制度,开展土壤酸化与障碍因子矫治技术。每年推广秸秆还田 45 万亩次,平衡施肥技术 50 万亩次,应用生物肥料 5 万亩次,有利于提高科学施肥水平与改善土壤肥力条件,调节了土壤保肥与供肥的平衡。

嘉善县标准农田始建于 1998 年,由县国土局通过土地整理,农田标准化建设等项目建成并经省级国土部门验收,农田基础设施(沟、渠、路、绿化)配套。其中,1998—2002 年建成 102 个项目 25.91 万亩标准农田;2003—2005 年间建成 22 个项目 7.39 万亩标准农田;2005 年之后有 11 个项目建成标准农田 0.48 万亩。经 2008 年全省标准农田地力调查与分等定级项目确定：全县现有标准农田总面积达 31.77 万亩。现有标准农田分布在全县 9 个镇（街道），其中，种植水稻或水稻蔬菜等农作物轮作耕地面积 29.05 万亩，果园 1.1 万亩，花卉苗木面积 0.7 万亩，其他面积 0.92 万亩。

第二章
耕地地力评价技术路线

耕地地力调查与质量评价是对耕地的土壤属性、耕地的养分状况和影响耕地环境质量的土壤重金属、有机污染物、灌溉水质量等进行调查，在查清耕地地力和耕地环境质量状况的基础上根据耕地地力好差进行等级划分，对耕地环境质量进行优劣评估，最终对耕地质量进行综合评价，同时建立耕地质量管理地理信息系统。耕地地力调查与质量评价，不仅直接为当前的农业生产和农业生态环境建设服务，更是为培育肥沃的土壤，建立安全、健康的农业生产立地环境和现代耕地质量管理方式奠定基础。科学合理的技术路线是耕地地力调查和质量评价的关键。因此，为确保此项工作的顺利开展，在工作全过程始终遵循统一性原则，充分利用现有成果原则，结合实际原则和体现高新技术原则，并严把调查成果质量关。

第一节　调查的方法与内容

一、调查取样

样品的采集是调查与评价工作的基础，样点的设置既关系到调查的精度，又关系到调查结果的准确性。因此，样点的设置必须满足调查技术规程所确定的精度要求，必须与当地的农业生产的实际相符合。

（一）取样点设置的原则

根据《农业部 2007 年耕地地力调查项目实施方案》要求，为了使土壤调查所获取的信息具有一定的典型性和代表性，提高工作效率，节省人力和资金，在布点和采样时主要遵循以下原则：在土壤采样布点上遵循具有广泛的代表性、均匀性、科学性、可比性，点面结合，与地理位置、地形部位相结合，与污染源调查相兼顾，与第二次土壤普查布点相吻合，并适当增加污染源点位密度。

1. 全面性原则

一是指调查内容的全面性。耕地质量评价是对耕地地力和环境质量的综合评价。影响耕地质量的因素，既包括土壤自身的环境，也包括灌溉水及农业生产的管理等自然和社会因素。因此，科学地评价耕地质量，就需要对影响耕地质量诸因子进行全面的调查。

二是指取样布点地域的全面性。嘉善县处于杭嘉湖平原地区，地形地貌类型比较单一，主要是水网平原，因此取样点可以做到均匀分布。

三是指取样布点对土壤类型的全面性。这次调查是以第二次土壤普查成果为基础，要充分运用第二次土壤普查的成果，就需要在取样点的设置时对区域内所有土种都进行布点，并且尽可能在第二次普查的取样点取样，达到充分应用土壤普查成果的目的。

2. 均衡性原则

一是指采样布点在空间上的均衡性，即在确定样点布设数量的基础上，调查区域范围内样点的分设要均衡，避免某一范围过密，某一范围过疏。

二是根据地形地貌类型面积的比例和土壤类型面积的大小进行布点，既要考虑各种类型面积的比例，又要兼顾土种区域分布的复杂性。

3. 突出重点原则

一是指突出重点项目。采样布点要根据当地农业生产实际，对人们普遍关注的农业生产上出现的问题在普查的同时进行重点调查，如无公害农产品生产基地环境问题和蔬菜基地的安全性问题等。

二是突出重点区域。除无公害农产品和蔬菜生产基地外，还对多年连作的设施栽培菜瓜区及工业污染点周边地区等作重点调查。

三是突出调查的重点内容。如特别是对影响耕地质量安全和人体健康的因素，如重金属元素和无机污染物等作重点调查。

4. 客观性原则

是指调查内容要客观反映农业生产的实际需要，既突出耕地质量本身的基础性，又要体现为当前生产直接服务的生产性；既着眼于当前，更要着眼于农业生产发展。调查结果要客观真实的反映耕地质量状况，整个调查工作要科学管理，确保调查结果的真实性、准确性。

（二）样点布设的方法

采样点布设是土壤测验的基础，采样点布设是否合理关系到地力调查的准确性和代表性，能够合理的布设采样点至关重要。按照农业部统一的测土配方施肥技术规范和要求（20万亩粮油作物平均每180亩左右耕地采集1个土样，取样1 100个；20万亩经济作物平均每120亩左右取一个土样，取样1 700个；合计取样2 800个），充分考虑地形地貌、土壤类型与分布、肥力高低、作物种类等，在土壤图、基本农田保护区规划图和土地利用现状图等图件数字化的基础上，室内确定取样位置，指导野外采样，实际采样时，利用GPS外业定点的方法进行布点，保证采样点具有典型性、代表性和均匀性。同时对采样点进行详细的农业生产调查和野外记录，完成采样基本情况调查表，采样点农户调查表。

（三）采样方法

土壤样品的采集是土壤分析工作的一个重要环节。采集有代表性的样品，是使测定结果能如实反映其所代表的区域或地块客观情况的先决条件。采集样品地点的确定与采样点数的多少直接关系到耕地质量评价的精度，掌握布点、采样等技术是土壤分析工作的基础。

1. 大田土样采样方法

采样时间为现有前茬作物收获后（或大田作物收获前几天），下茬作物尚未使用底肥或种植以前，保证所采土样能真实的反映地块的地力和质量状况。

通过向农民了解本村的农业生产情况，确定具有代表性的田块，田块面积要求在1亩以上，并在采样田块的中心用GPS定位仪进行定位。按调查表格的内容逐项对确定采样田块的户主进行调查、填写。调查严格遵循实事求是的原则，对那些说不清楚的农户，通过访问地力水平相当、位置基本一致的其他农户或对实物进行核对推算。长方形地块采用"S"法，而近方形田块多采用"X"法和棋盘形采样法。每个地块一般取10~15个小样点土壤，各小样点充分混合后，四分法留取1.5kg组成一个土壤样品，同时挑出根系、秸秆、石块、虫体等杂物。采样工具采用不锈钢土钻（铁、锰等微量元素采用木铲）基本符合厚薄、宽窄、数量的均匀特征。采样深度0~15cm。填写两张标签，内外各具，注明采样编号、采样地点、采样人、采样日期等。采样同时，填写测土配方施肥采样地块基本情况调查表和农户施肥情况调查表。

2. 果蔬土样采集方法

对已确定采样地块的户主，按调查表格内容逐项进行调查填写，并在该地块里采集土样。耕层样采样深度为0~20cm、果园耕层采样深度为0~

30cm，采用"S"法均匀随机采取 10~15 个采样点。按照地块的沟、垄面积比例确定沟、垄取土点位的数量，土样充分混合后，四分法留取 1.5kg。其他同大田土样采集。

按以上操作规程，嘉善县在 2008 年大田（包括轮作）取样 2 190 个，蔬菜地（包括连作）取样 97 个，果园取样 140 个，鲜切花 24 个，其他 9 个，共 2 640 个，圆满完成了测土配方施肥工作的计划任务。

二、调查内容

田间调查主要是通过两种方式来完成的，一种是收集和分析相关学科已有的调查成果和资料；另一种是野外实际调查和测定。调查的内容基本可分为 3 个方面：自然成土因素的调查研究；土壤剖面形态的观察研究；农业生产条件的调查研究。

（一）自然成土因素的调查研究

该项调查主要是通过收集和分析相关学科已有的调查成果和资料来完成的。通过咨询当地气象站，获得了积温、无霜期、降水等相关资料；借助《嘉善县志》和《嘉善土壤》相关资料，辅以实地考察和专家分析，掌握了实际的海拔高度、坡度、地貌类型、成土母质等自然成土因素。

（二）土壤剖面形态的观察研究

结合《嘉善县志》和《嘉善土壤》的结果，通过对土壤坡面的实际调查和测定，基本掌握了嘉善县内各地区不同土壤的土层厚度、土壤质地、土壤干湿度、土壤孔隙度、土壤排水状况、土壤侵蚀情况、土壤 pH 值等相关信息。

（三）农业生产条件的调查研究

根据《全国耕地地力调查项目技术规程》野外调查的要求，对大田、果蔬、污染情况的调查，设计了测土配方施肥采样地块基本情况调查表（表 2-1）和农户施肥情况调查表（表 2-2）两种调查表格。调查的主要内容有：采样地点、方法、户主姓名、采样地块面积、当前种植作物、前茬种植作物、作物品种、土壤类型、采样深度、立地条件、剖面性状、土地排灌状况、污染情况、种植制度、种植方式、设施类型、投入（肥料、农药、种子、机械、灌溉、农膜、人工、其他）费用情况及产销收入情况。为确保调查内容准确性、一致性，保证调查过程万无一失，根据表格设计内容，编制了调查表格的填表说明，对调查人员进行专项培训。在实际操作过程中，要求工作人员必须现场取样，现场调查，以确保调查内容真实有效。共完成野外调查表 3 000 多份，完成率 100%。

表 2-1　测土配方施肥采样地块基本情况调查表

统一编号：_____　　　调查组号：_____　　　采样序号：_____
采样目的：_____　　　采样日期：_____　　上次采样日期：_____

地理位置	省（市）名称		地（市）名称		市（旗）名称	
	乡（镇）名称		村组名称		邮政编码	
	农户名称		地块名称		—	—
	地块位置		距村距离（m）		—	—
	纬度（度、分、秒）		经度（度、分、秒）		海拔高度（m）	
自然条件	地貌类型		地形部位			
	地面坡度（°）		田面坡度（°）		坡向	
	通常地下水位（m）		最高地下水位（m）		最深地下水位（m）	
	常年降水量（mm）		常年有效积温（℃）		常年无霜期（天）	
生产条件	农田基础设施		排水能力		灌溉能力	
	水源条件		输水方式		灌溉方式	
	熟制		典型种植制度		常年产量水平（kg/亩）	
土壤情况	土类		亚类		土属	
	土种		俗名		—	—
	成土母质		土体构型		土壤质地（手测）	
	土壤结构		障碍因素		侵蚀程度	
	耕层厚度（cm）		采样深度（cm）		—	—
	田块面积（亩）		代表面积（亩）		—	—

来年种植意向	茬口	第一季	第二季	第三季	第四季	第五季
	作物名称					
	作物品种					
	目标产量					

采样调查单位	单位名称		联系人	
	地址		邮政编码	
	电话	传真	采样调查人	
	E-mail			

表 2-2 农户施肥情况调查表

统一编号：

施肥相关情况	生长季节		作物名称		品种名称	
	播张季节		收获日期		产量水平	
	生长期内降水次数		生长期内降水总量		—	—
	生长期内灌水次数		生长期内灌水总量		灾害情况	

推荐施肥情况	是否推荐施肥指导		推荐单位性质		推荐单位名称				

推荐施肥情况	配方内容	目标产量 (kg/亩)	推荐肥料成本 (元/亩)	化肥（kg/亩）					有机肥（kg/亩）	
				大量元素			其他元素			
				N	P_2O_5	K_2O	养分名称	养分用量	肥料名称	实物量

实际施肥总体情况	目标产量 (kg/亩)	推荐肥料成本 (元/亩)	化肥（kg/亩）					有机肥（kg/亩）	
			大量元素			其他元素			
			N	P_2O_5	K_2O	养分名称	养分用量	肥料名称	实物量

实际施肥明细	汇总									
	施肥明细	施肥序次	施肥时期	项目		施肥情况				
						第一种	第二种	第三种	第四种	第五种
		第一次		肥料种类						
				肥料名称						
				养分含量情况(%)	大量元素 N					
					大量元素 P_2O_5					
					大量元素 K_2O					
					其他元素 养分名称					
					其他元素 养分含量					
				实物量（kg/亩）						
		第二次		肥料种类						
				肥料名称						
				养分含量情况(%)	大量元素 N					
					大量元素 P_2O_5					
					大量元素 K_2O					
					其他元素 养分名称					
					其他元素 养分含量					
				实物量（kg/亩）						
		第三次		肥料种类						
				肥料名称						
				养分含量情况(%)	大量元素 N					
					大量元素 P_2O_5					
					大量元素 K_2O					
					其他元素 养分名称					
					其他元素 养分含量					
				实物量（kg/亩）						

三、调查步骤

耕地地力调查与质量评价工作分为 4 个阶段，一是准备阶段，二是调查分析阶段，三是评价阶段，四是成果汇总阶段，其具体的工作步骤如图 2-1 所示。

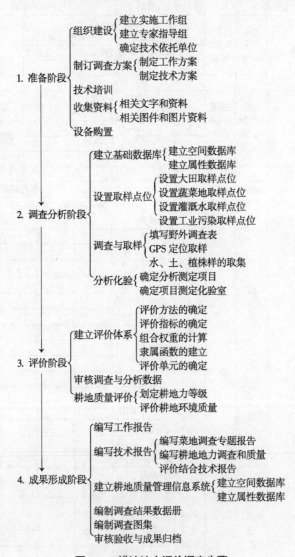

图 2-1　耕地地力评价调查步骤

四、土壤样品制备

从野外采回的土壤样品要及时放到样品风干场，摊成薄薄一层，置于干净整洁的室内通风处自然风干，严禁暴晒，并注意防止酸、碱等气体及灰尘的污染。风干过程中要经常翻动土样并将大土块就捏碎以加速干燥，同时剔除侵入体。

风干后的土样按照不同的分析要研磨过筛，充分混匀后，装入样品瓶中备用。瓶内外各方标签一张，写明编号、采样地点、土壤名称、采样深度、样品粒径、采样日期、采样人及制样时间、制样人等项目。制备好的样品要妥善存贮，避免日晒、高温、潮湿和酸碱等气体的污染。全部分析工作结束，分析数据核实无误后，试样一般还要保存3~12个月，以备查询。"3414"实验等有价值、需要长期保存的样品，需保存于广口瓶中，用蜡封号瓶口。

（一）一般化学分析试样

将风干后的样品平铺在制样板上，用木棍或塑料棍碾压，直至全部样品通过2mm孔径筛为止。通过2mm孔径筛的土样可供pH值、盐分、交换性能及有效养分等项目的测定。

将通过2mm孔径筛的土样用四分法取出一部分继续碾磨，使之全部通过0.25mm孔径筛，供有机质、全氮、碳酸钙等项目的测定。

（二）微量元素分析试样

用于微量元素分析的土样，其处理方法同一般化学分析样品，但在采样、风干、研磨、过筛、运输、贮存等环节，不要接触容易造成样品污染的铁、铜等金属器具。采样、制样推荐使用不锈钢、木、竹或塑料工具，过筛使用尼龙网筛等。通过2mm孔径尼龙筛的样品可用于测定土壤有效态微量元素。

（三）颗粒分析试样

将风干土样反复碾碎，用2mm孔径筛过筛。留在筛上的碎石称量后保存，同时将过筛的土壤称重，计算石砾质量百分数。将通过2mm孔径筛的土样混匀后盛于广口瓶内，用于颗粒分析及其他物理性状测定。

若风干土样中有铁锰结核、石灰结核或半风化体，不能用木棍碾碎，应首先将其拣出称量保存，然后再进行碾碎。

五、样品分析与质量控制

(一) 分析化验

1. 分析化验的意义

分析化验是进行测土配方施肥工作的重要组成部分，是掌握耕地地力和农业环境质量信息，进行农业生产和耕地质量管理的基础，是解决耕地障碍和农业环境质量问题不可或缺的重要手段，同时也是测土配方施肥工作中最容易出现误差的环节和数据信息的直接来源。当采集的样品送达实验室后，我们对每一个样品的分析化验都经过样品制备→样品前处理→分析测试→数据处理→检测报告整理5个环节，每个环节都与分析质量密切相关。因此，对每一个环节我们都强化技术管理，对分析化验的全过程进行了严格的质量控制，以确保分析结果真实有效。

2. 样品分析项目与方法

土壤样品分析测定严格按照农业部《测土配方施肥技术规范》和省《测土配方施肥项目工作规范》要求，确定测土配方施肥土壤样品分析测试项目及方法（表2-3）。其中，pH值、有机质、全氮、有效磷、速效钾为全测项目，其余为部分测试项目，为验证样品化验结果的准确性和科学性，对每批样品都做了平行控制，对每天化验样品都插测了参比样，每30~50个加测参比样1个。

表 2-3 测土配方施肥土壤样品分析测试项目与方法

	项目	分析方法
土壤	容重	环刀法
	pH 值	玻璃电极法
	有机质	重铬酸钾—硫酸—油浴法
	全氮	凯氏蒸馏法
	全磷	氢氧化钠熔融—钼锑抗比色法
	全钾	氢氧化钠熔融—火焰光度法
	碱解氮	碱解扩散法
	有效磷	碳酸氢钠提取—钼锑抗比色法
	速效钾	醋酸铵提取—火焰光度法
	缓效钾	热硝酸提取—火焰光度法
	有效铜	DTPA 提取—原子吸收光谱法
	有效锌	DTPA 提取—原子吸收光谱法

	项目	分析方法
土壤	有效铁	DTPA 提取—原子吸收光谱法
	有效锰	DTPA 提取—原子吸收光谱法
	有效硼	沸水提取—甲亚胺—H 比色法
	交换性钙镁	乙酸铵浸提—原子吸收分光光度法
	交换性酸	氯化钾交换—中和滴定法
	阳离子交换量	EDTA-乙酸铵盐交换法
	机械组成	比重计法

（二）分析质量控制

化验室建筑面积共 260m²，由样品处理室、样品贮藏室、天平室、电热室、分析室、消煮室、档案室等组成，分析室配置空调。已配设备包括原子吸收分光光度计、火焰光度计、紫外—可见分光光度计、凯氏定氮仪、酸度计、电导仪、超纯水器、振荡机、电热干燥箱、电子天平和计算机等仪器，共计设备投入 55 万元。实验室配备兼职人员 2 人，临时工 4 名。由于嘉善县化验室人员不足，样品除自己化验部分外，主要委托嘉兴市土壤肥料测试中心进行化验。

实验室环境条件、人力资源、仪器设备及标准物质、实验室内的质量均按测土配方施肥技术规范要求进行控制，确保检测的精密度和准确度。养分测试质量通过设置平行（20%）、加质控样（2%）、设置空白试验等加以控制，同时不定期对仪器设备进行校准，加强化验人员测试能力培训，并组织土肥专家对测试结果合理性进行判断，确保测试数据的真实准确。

1. 控制采样误差

首先根据测试项目和要求制定周密的采样方案，使用适宜的采样工具、样品容器、合理布设采样点，按照随机、等量、混匀、防止污染的原则，按规范在采样点规定采样深度、形状大小等一致的土样混合，尽量减少采样误差，及时送交化验室，按规定进行样品处理和保管。

2. 严格样品登记制度

野外采样送交化验室时，明确专人负责样品的验收登记，并将样品的标签内容与野外调查表一一进行仔细核对，填写样品登记表，做到样品标签、野外调查表、样品登记表三个表相符，在摊样、收样、制样和分析过程中，随时注意样品的核对和确认，严防错号。

3. 规范仪器设备的使用

实验室使用的计量仪器和重要设备在检测前一律通过检定或校准合格后投入使用，以保证检测结果的准确性；使用前后都对仪器设备的状况进行确认，必要时进行校验或运行检查，确认正常时方可投入使用。主要的仪器设备制定使用操作规程，并严格按操作规程使用仪器设备。

4. 严格分析质量

严格按规定的方法进行检验；标准溶液统一配制，并建立标准溶液领用制度，同时用国家有证标准物质对标准溶液进行校准；每批样必须按规定做空白样、平行样、密码样和参比样，结果超差或离群时，该批样品必须重做。

5. 严格数据的记录、校核和审核

规范统一原始记录表格，详细记录检测过程中影响质量的因子及试验数据，做到数据的可追溯性。原始记录须有分析人员、校核人签字。

第二节 耕地地力评价依据及方法

耕地地力评价是指耕地在一定利用方式下，在各种自然要素相互作用下所表现出来的潜在生产能力的评价，揭示耕地潜在生物生产能力的高低。由于在一个较小的区域范围内，气候因素相对一致，因此耕地地力评价可以根据所在县域的地形地貌、成土母质、土壤理化性状、农田基础设施等因素相互作用表现出来的综合特征，揭示耕地潜在生物生产力，而作物产量是衡量耕地地力高低的指标。

一、评价原则和依据

（一）评价的原则

耕地地力就是耕地的生产能力，是在一定区域内一定的土壤类型上，耕地的土壤理化性状、所处自然环境条件、农田基础设施及耕作施肥管理水平等因素的总和。根据评价的目的要求，我们需要遵循一定的基本原则。

1. 综合因素研究与主导因素分析相结合原则

土地是一个自然经济综合体，是人们利用的对象，对土地质量的鉴定涉及自然和社会经济等多个方面，耕地地力也是各类要素的综合体现。所谓综合因素研究是指对地形地貌、土壤理化性状、相关社会经济因素之总体进行全面的研究、分析与评价，以全面了解耕地地力状况。主导因素是指对耕地地力起决定作用的、相对稳定的因子，在评价中要着重对其进行研究分析。因此，把综合因素与主导因素结合起来进行评价则可以对耕地地力做出科学准确的评定。

2. 共性评价与专题研究相结合原则

一方面，嘉善县耕地利用存在菜地、农田等多种类型，土壤理化性状、环境条件、管理水平等不一，因此耕地地力水平有较大的差异。考虑县域内耕地地力的系统、可比性，针对不同的耕地利用等状况，应选用的统一的共同的评价指标和标准，即耕地地力的评价不针对某一特定的利用类型。另一方面，为了了解不同利用类型的耕地地力状况及其内部的差异情况，则对有代表性的主要类型如蔬菜地等进行专题的深入研究。这样，共性的评价与专题研究相结合，使整个的评价和研究具有更大的应用价值。

3. 定量和定性相结合的原则

土地系统是一个复杂的灰色系统，定量和定性要素共存，相互作用，相互影响。因此，为了保证评价结果的客观合理，宜采用定量和定性评价相结合的方法。在总体上，为了保证评价结果的客观合理，尽量采用定量评价方法，对可定量化的评价因子如有机质等养分含量、土层厚度等按其数值参与计算，对非数量化的定性因子如土壤表层质地、土体构型等则进行量化处理，确定其相应的指数，并建立评价数据库，以计算机进行运算和处理，尽量避免人为随意性因素影响。在评价因素筛选、权重确定、评价标准、等级确定等评价过程中，尽量采用定量化的数学模型，在此基础上则充分运用人工智能和专家知识，对评价的中间过程和评价结果进行必要的定性调整，定量与定性相结合，从而保证了评价结果的准确合理。

4. 采用 GIS 支持的自动化评价方法原则

自动化、定量化的土地评价技术方法是当前土地评价的重要方向之一。近年来，随着计算机技术，特别是 GIS 技术在土地评价中的不断应用和发展，基于 GIS 的自动化评价方法已不断成熟，使土地评价的精度和效率大大提高。本次的耕地地力评价工作将通过数据库建立、评价模型及其与 GIS 空间叠加等分析模型的结合，实现了全数字化、自动化的评价流程，在一定的程度上代表了当前土地评价的最新技术方法。

（二）评价的依据

耕地地力评价的依据为 NY/T 309—1996《全国耕地类型区、耕地地力等级划分》及《浙江省省级耕地地力分等定级技术规程》。根据全国耕地类型区划分标准，嘉善县水田为南方稻田耕地类型区，旱地为南方潮土旱地类型区。以上述两个标准为依据，对嘉善县境内的耕地地力进行评价和等级划分。开展耕地地力评价主要依据与此相关的各类自然和社会经济要素，具体包括3个方面。

（1）耕地地力的自然环境要素。包括耕地所处的地形地貌条件、水文地质条件、成土母质条件以及土地利用状况等。

（2）耕地地力的土壤理化要素。包括土壤剖面与土体构型、耕层厚度、质地、容重等物理性状，有机质、N、P、K等主要养分、微量元素、pH值、交换量等化学性状等。

（3）耕地地力的农田基础设施条件。包括耕地的灌排条件、水土保持工程建设、培肥管理条件等。

二、评价技术流程

耕地地力评价工作分为四个阶段，一是准备阶段，二是调查分析阶段，三是评价阶段，四是成果汇总阶段，具体工作步骤详见图2-2。

三、评价指标

（一）耕地地力评价的指标体系

耕地地力即为耕地生产能力，是由耕地所处的自然背景、土壤本身特性和耕作管理水平等要素构成。耕地地力主要由三大因素决定：一是立地条件，就是与耕地地力直接相关的地形地貌及成土条件，包括成土时间与母质；二是土壤条件，包括土体构型、耕作层土壤的理化性状、土壤特殊理化指标；三是农田基础设施及培肥水平等。为了能比较正确地反映嘉善县耕地地力水平，以分出全县耕地地力等级，特邀请嘉善市老土肥工作者根据工作经验，并参照浙江省耕地地力分等定级方案及兄弟单位工作经验，根据嘉善县耕地土壤属性、自然地理条件和农业生态特点，选择冬季地下水位、土体剖面构型、耕层厚度、质地、容重、pH值、阳离子交换量、水溶性盐总量、有机质、有效磷、速效钾、排涝抗旱能力等12项因子，作为嘉善县耕地地力评价的指标体系。共分三个层次：第一层为目标层，即耕地地力；第二层为状态层，其评价要素是在省级状态层要素中选取4个；第三层为指标层，其评价要素与省级指标层基本相同（表2-4）。

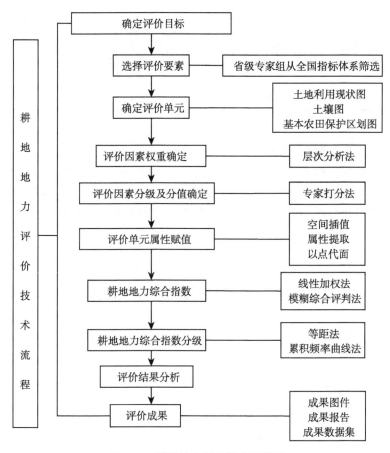

图 2-2 耕地地力评价技术流程图

表 2-4 嘉善县耕地地力评价指标体系

目标层 A	状态层 B	指标层 C
耕	立地条件 B_1	冬季地下水位 C_1
	剖面性状 B_2	剖面构型 C_2
地		耕层厚度 C_3
		质地 C_4
地		容重 C_5
	耕层理化性状 B_3	pH 值 C_6
力		CEC C_7
		水溶性盐总量 C_8
		有机质 C_9

（续表）

目标层 A	状态层 B	指标层 C
耕地地力	耕层理化性状 B_3	有效磷 C_{10}
		速效钾 C_{11}
	土壤管理 B_4	排涝（抗旱）能力 C_{12}

（二）评价指标的量化和分级

本次地力评价采用因素（即指标，下同）分值线性加权方法计算评价单元综合地力指数，因此，首先需要建立因素的分级标准，并确定相应的分值，形成因素分级和分值体系表。参照浙江省耕地地力评价指标分级分值标准，经嘉兴市、嘉善县有关专家评估比较，确定嘉善县各因素的分级和分值标准，分值 1 表示最好，分值 0.1 表示最差。具体如下。

1. 冬季地下水位（cm）

≤20	20~50	50~80	80~100	>100
0.1	0.4	0.7	1.0	0.8

注:表中的指标区间，如 20~50，表示大于 20 且小于等于 50 的区间范围，本报告中的所有区间表示的上下限取值均与此相同

2. 剖面构型

水 田	A–Ap–W–C	A–Ap–P–C	A–Ap–C
	1.0	0.7	0.3

旱 地	A–[B]–C	A–[B]C–C	A–C
	1.0	0.5	0.1

3. 耕层厚度（cm）

≤8.0	8.0~12	12~16	16~20	>20
0.3	0.6	0.8	0.9	1.0

4. 质地

砂土	壤土	黏壤土	黏土
0.5	0.9	1.0	0.7

5. 容重（g/cm³）

0.9~1.1	≤0.9 或 1.1~1.3	>1.3
1.0	0.8	0.5

6. pH 值

≤4.5	4.5~5.5	5.5~6.5	6.5~7.5	7.5~8.5	>8.5
0.2	0.4	0.8	1.0	0.7	0.2

7. 阳离子交换量（cmol/kg）

≤5	5~10	10~15	15~20	>20
0.1	0.4	0.6	0.9	1.0

8. 水溶性盐总量（g/kg）

≤1	1~2	2~3	3~4	4~5	>5
1.0	0.8	0.5	0.3	0.2	0.1

9. 有机质（g/kg）

≤10	10~20	20~30	30~40	>40
0.3	0.5	0.8	0.9	1.0

10. 有效磷（mg/kg）
Olsen 法

≤5	5~10	10~15	15~20 或 >40	20~30	30~40
0.2	0.5	0.7	0.8	0.9	1.0

Bray 法

≤7	7~12	12~18	18~25 或 >50	25~35	35~50
0.2	0.5	0.7	0.8	0.9	1.0

11. 速效钾（mg/kg）

≤50	50~80	80~100	100~150	>150
0.3	0.5	0.7	0.9	1.0

12. 排涝（抗旱）能力
排涝能力

一日暴雨一日排出	一日暴雨二日排出	一日暴雨三日排出
1.0	0.6	0.2

抗旱能力

>70天	50~70天	30~50天	≤30天
1.0	0.8	0.4	0.2

注：表中的指标区间，如5~6，表示大于5且小于等于6的区间范围，本报告中涉及指标的所有区间表示的上下限取值均与此相同

（三）确定评价指标权重

12个指标确定权重体系同样参照浙江省耕地地力评价指标体系中的权重分配，确定嘉善县各指标权重，见表2-5。

表2-5　嘉善县耕地地力评价体系各指标权重

序号	指标	权重
1	冬季地下水位	0.06
2	剖面构型	0.07
3	耕层厚度	0.11
4	耕层质地	0.10
5	容重	0.07
6	pH值	0.06
7	阳离子交换量	0.09
8	水溶性盐总量	0.04
9	有机质	0.12
10	有效磷	0.08
11	速效钾	0.08
12	排涝或抗旱能力	0.12

四、评价方法

(一) 地力指数计算

应用线性加权法，计算每个评价单元的综合地力指数（IFI）。计算公式为：

$$IFI = \sum \ (Fi \times wi)$$

其中，$\sum$ 为求和运算符；Fi 为单元第 i 个评价因素的分值，wi 为第 i 个评价因素的权重，也即该属性对耕地地力的贡献率。

(二) 地力等级划分

应用等距法确定耕地地力综合指数分级方案，将本区耕地地力等级分为以下三等六级，见表2-6。

表2-6　嘉善县耕地地力评价等级划分表

地力等级		耕地综合地力指数（IFI）
一等	一级	≥0.9
	二级	0.8~0.9
二等	三级	0.7~0.8
	四级	0.6~0.7
三等	五级	0.5~0.6
	六级	<0.50

五、地力评价结果的验证

2008年，嘉善县根据浙江省政府要求和省政府领导指示精神，曾组织开展了31.7723万亩标准农田的地力调查与分等定级、基础设施条件核查，明确了标准农田的数量和地力等级状况，掌握了标准农田质量和存在的问题。经实地详细核查，标准农田分等定级结果符合实际产量情况。在此基础上，从2009年起启动以吨粮生产能力为目标、以地力培育为重点的标准农田质量提升工程。

为了检验本次耕地地力的评价结果，我们采用经验法，以2008年标准农田分等定级成果为参考，借助GIS空间叠加分析功能，对本次耕地地力评价与2008年标准农田地域重叠部分的评价结果（分等定级类别）进行了吻合程度分析，结果表明，此次地力评价结果中属于标准农田区域范围的耕地其地力等级与标准农田分等定级结果吻合程度达 89.1%，由此可以推断本次耕地地力评价结果是合理的。

第三节　耕地资源管理信息系统建立与应用

耕地资源信息系统以行政区域内耕地资源为管理对象，主要应用地理信息系统技术对辖区的地形、地貌、土壤、土地利用、农田水利、土壤污染、农业生产基本情况、基本农田保护区等资料进行统一管理，构建耕地资源基础信息系统，并将此数据平台与各类管理模型结合，对辖区内的耕地资源进行系统的动态的管理，为农业决策者、农民和农业技术人员提供耕地质量动态变化、土壤适宜性、施肥咨询、作物营养诊断等多方位的信息服务。图 2-3 概要描述了系统层次关系。

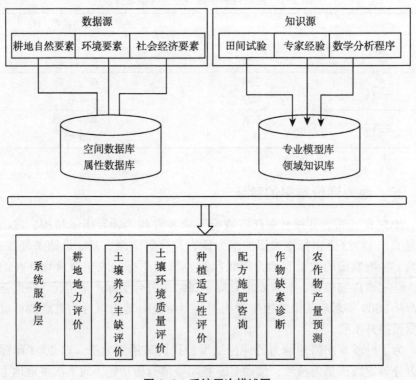

图 2-3　系统层次描述图

一、资料收集与整理

耕地地力评价是以耕地的各性状要素为基础，因此必须广泛地收集与评价有关的各类自然和社会经济因素资料，为评价工作做好数据的准备。本次耕地地力评价我们收集获取的资料主要包括以下几个方面。

（一）野外调查资料

按野外调查点获取，主要包括地形地貌、土壤母质、水文、土层厚度、表层质地、耕地利用现状、灌排条件、作物长势产量、管理措施水平等。

（二）室内化验分析资料

包括有机质、全氮、速效磷、速效钾等大量养分含量，以及 pH 值、土壤容重、阳离子交换量和盐分等。

（三）社会经济统计资料

以行政区划为基本单位的人口、土地面积、作物及蔬菜瓜果面积，以及各类投入产出等社会经济指标数据。

（四）图件资料

图件资料收集，详见表 2-7。

表 2-7　嘉善县图件资料汇总

层　次	比例尺	图　名
	1：5 万	嘉善县行政区划图
	1：5 万	嘉善县土壤图及养分图
嘉善县	1：5 万	嘉善县土地利用现状图
	1：5 万	基本农田保护区现状图
	1：5 万	嘉善县水系图

其中，嘉善县土壤图是确定耕地地力评价单元的重要基础图件，由技术协作单位浙江省农业科学院环境保护与土壤肥料研究所完成图件数字化；土地利用现状图也是确定评价单元的重要图件，由嘉善县国土资源局提供。

（五）多媒体资料收集与整理

（1）土壤典型剖面照片。

（2）当地典型景观照片。

（3）特色农产品介绍。

（4）地方介绍资料。

（六）其他文字资料

包括年粮食单产、总产、种植面积统计资料，农村及农业生产基本情况资料，历年土壤肥力监测点田间记载及分析结果资料，近几年主要粮食作物、主要品种产量构成资料，嘉善县土壤志及二次土壤普查时形成的记录册等。

二、空间数据库的建立

（一）图件整理

对收集的图件进行筛选、整理、命名、编号。

（二）数据预处理

图形预处理是为简化数字化工作而按设计要求进行的图层要素整理与删选过程，预处理按照一定的数字化方法来确定，也是数字化工作的前期准备。

（三）图件数字化

地图数字化工作包括几何图形数字化与属性数字化。属性数字化采用键盘录入方法。图形数字化的方法很多，其中，常用的方法是手扶跟踪数字化和扫描屏幕数字化两种。本次采用的是扫描后屏幕数字化。过程具体如下：先将经过预处理的原始地图进行大幅面的扫描仪扫描成 300dpi 的栅格地图，然后在 ArcMap 中打开栅格地图，进行空间定位，确定各种容差之后，进行屏幕上手动跟踪图形要素而完成数字化工作；数字化完了之后对数字地图进行矢量拓扑关系检查与修正；然后再对数字地图进行坐标转换与投影变换，本次工作中，所有矢量数据统一采用高斯—克吕格投影，3 度分带，中央经线为东经 120 度，大地基准坐标系采用北京 1954 坐标系，高程基准采用 1956 年黄海高程系。最后，所有矢量数据都转换成 ESRI 的 ShapeFile 文件。

（四）空间数据库内容

耕地资源管理信息系统空间数据库包含的主要矢量图层见表 2-8，各空间要素层的属性信息在属性数据库中介绍。

表 2-8 耕地资源管理信息系统空间数据库主要图层一览表

序号	图层名称	图层类型
1	行政区划图	面（多边形）
2	行政注记	点
3	行政界线图	线
4	地貌类型图	面（多边形）
5	交通道路图	线
6	水系分布图	面（多边形）
7	1∶1万土地利用现状图	面（多边形）
8	土壤图	面（多边形）
9	耕地地力评价单元图	面（多边形）
10	耕地地力评价成果图	面（多边形）
11	耕地地力调查点位图	点
12	测土配方施肥采样点位图	点
13	第二次土壤普查点位图	点
14	各类土壤养分图	面（多边形）

三、属性数据库的建立

属性数据包括空间属性数据与非空间属性数据，前者指与空间要素一一对应的要素属性，后者指各类调查、统计报表数据。

（一）空间属性数据库结构定义

本次工作在满足《县域耕地资源管理信息系统数据字典》要求的基础上，根据浙江省实际加以适当补充，对空间属性信息数据结构进行了详细定义。表 2-9 至表 2-12 分别描述了土地利用现状要素、土壤类型要素、耕地地力调查取样点要素、耕地地力评价单元要素的数据结构定义。

表 2-9 土地利用现状图要素属性结构表

字段中文名	字段英文名	字段类型	字段长度	小数位	说明
目标标识码	FID	Int	10		系统自动产生
乡镇代码	XZDM	Char	9		
乡镇名称	XZMC	Char	20		
权属代码	QSDM	Char	12		指行政村
权属名称	QSMC	Char	20		指行政村

（续表）

字段中文名	字段英文名	字段类型	字段长度	小数位	说明
权属性质	QSXZ	Char	3		
地类代码	DLDM	Char	5	0	
地类名称	DLMC	Char	20	0	
毛面积	MMJ	Float	10	1	单位：m²
净面积	JMJ	Float	10	1	单位：m²

表 2-10　土壤类型图要素属性结构表

字段中文名	字段英文名	字段类型	字段长度	小数位	说明
目标标识码	FID	Int	10		系统自动产生
市土种代码	XTZ	Char	10		
市土种名称	XTZ	Char	20		
市土属名称	XTS	Char	20		
市亚类名称	XYL	Char	20		
市土类名称	XTL	Char	20		
省土种名称	STZ	Char	20		
省土属名称	STS	Char	20		
省亚类名称	SYL	Float	20		
省土类名称	STL	Float	20		
面积	MJ	Float	10	1	
备注	BZ	Char	20		

表 2-11　耕地地力调查取样点位图要素属性结构表

字段中文名	字段英文名	字段类型	字段长度	小数位	说明
目标标识码	FID	Int	10		系统自动产生
统一编号	CODE	Char	19		
采样地点	ADDR	Char	20		
东经	EL	Char	16		
北纬	NB	Char	16		
采样日期	DATE	Date			
地貌类型	DMLX	Char	20		
地形坡度	DXPD	Float	4	1	
地表砾石度	LSD	Float	4	1	

字段中文名	字段英文名	字段类型	字段长度	小数位	说明
成土母质	CTMZ	Char	16		
耕层质地	GCZD	Char	12		
耕层厚度	GCHD	Int			
剖面构型	PMGX	Char	12	1	
排涝能力	PLNL	Char	20		
抗旱能力	KHNL	Char	20		
地下水位	DXSW	Int	4		
CEC	CEC	Float	8	1	
容重	BD	Float	8	2	
全盐量	QYL	Float	8	2	
pH 值	PH	Float	8	1	
有机质	OM	Float	8	2	
有效磷	AP	Float	8	2	
速效钾	AK	Float	8	2	

表 2-12 耕地地力评价单元图要素属性结构表

字段中文名	字段英文名	字段类型	字段长度	小数位	说明
目标标识码	FID	Int	10		系统自动产生
单元编号	CODE	Char	19		
乡镇代码	XZDM	Char	9		
乡镇名称	XZMC	Char	20		
权属代码	QSDM	Char	12		
权属名称	QSMC	Char	20		
地类代码	DLDM	Char	5	0	
地类名称	DLMC	Char	20	0	
毛面积	MMJ	Float	10	1	单位：m^2
净面积	JMJ	Float	10	1	单位：m^2
市土种代码	XTZ	Char	10		
市土种名称	XTZ	Char	20		
地貌类型	DMLX	Char	20		
地形坡度	DXPD	Float	4	1	
地表砾石度	LSD	Float	4	1	

县域耕地地力评价方法与成果运用

字段中文名	字段英文名	字段类型	字段长度	小数位	说明
耕层质地	GCZD	Char	12		
耕层厚度	GCHD	Int			
剖面构型	PMGX	Char	12		
排涝能力	PLNL	Char	20		
抗旱能力	KHNL	Char	20		
地下水位	DXSW	Int			
CEC	CEC	Float	8	2	
容重	BD	Float	8	2	
水溶性盐	QYL	Float	8	2	
pH 值	PH	Float	3	1	
有机质	OM	Float	8	2	
有效磷	AP	Float	8	2	
速效钾	AK	Float	8	2	
障碍因子	ZA	Char	20		
地力指数	DLZS	Float	6	3	
地力等级	DLDJ	Int	1		

（二）空间数据属性数据的入库

空间属性数据库的建立与入库可独立于空间数据库和地理信息系统，可以在 Excel、Access、FoxPro 下建立，最终通过 ArcGIS 的 Join 工具实现数据关联。具体为：在数字化过程中建立每个图形单元的标识码，同时在 Excel 中整理好每个图形单元的属性数据，接着将此图形单元的属性数据转化成用关系数据库软件 FoxPro 的格式，最后利用标识码字段，将属性数据与空间数据在 ArcMap 中通过 Join 命令操作，这样就完成了空间数据库与属性数据库的联接，形成统一的数据库，也可以在 ArcMap 中直接进行属性定义和属性录入。

（三）非空间数据属性数据库建立

非空间属性信息，主要通过 Microsoft Access 2007 存储。主要包括嘉善县—浙江省土种对照表、农业基本情况统计表、社会经济发展基本情况表、历年土壤肥力监测点情况统计表、年粮食生产情况表等。

四、确定评价单元及单元要素属性

（一）确定评价单元

评价单元是由对土地质量具有关键影响的各土地要素组成的空间实体，是土地评价的最基本单位、对象和基础图斑。同一评价单元内的土地自然基本条件、土地的个体属性和经济属性基本一致，不同土地评价单元之间，既有差异性，又有可比性。耕地地力评价就是要通过对每个评价单元的评价，确定其地力级别，把评价结果落实到实地和编绘的土地资源图上。因此，土地评价单元划分的合理与否，直接关系到土地评价的结果以及工作量的大小。

由于本次工作采用的基础图件—土地利用现状图的尺度能够满足单元内部属性基本一致的要求，包括土壤类型。因此，工作中直接从土地利用现状图上提取耕地，生成耕地地力评价单元图。

（二）单元因素属性赋值

耕地地力评价单元图除了从土地利用现状单元继承的属性外，对于参与耕地地力评价的因素属性及土壤类型等必须根据不同情况通过不同方法进行赋值。

1. 空间叠加方式

对于地貌类型、排涝抗旱能力等成较大区域连片分布的描述型因素属性，可以先手工描绘出相应的底图，然后数字化建立各专题图层，如地貌分区图、抗旱能力分区图等，再把耕地地力评价单元图与其进行空间叠加分析，从而为评价单元赋值。同样方法，从土壤类型图上提取评价单元的土壤信息。这里可能存在评价与专题图上的多个矢量多边形相交的情况，我们采用以面积占优方法进行属性值选择。

2. 以点代面方式

对于剖面构型、质地等一般描述型属性，根据调查点分布图，利用以点代面的方法给评价单元赋值。当单元内含有一个调查点时，直接根据调查点属性值赋值；当单元内不包含多调查点时，一般以土壤类型作为限制条件，根据相同土壤类型中距离最近的调查点属性值赋值；当单元内包含多个调查点时，需要对点作一致性分析后再赋值。

3. 区域统计方式

对于耕层厚度、容重、有机质、有效磷等定量属性，分两步走，首先将各个要素进行 Kriging 空间插值计算，并转换成 Grid 数据格式；然后分别与评价单元图进行区域统计（Zonal Statistics）分析，获取评价单元相应要素的属性值。

最后，使得基本评价单元图的每个图斑都有相应的 12 个评价要素的属性信息。

五、面积平差

由于土地利用现状图成图时间较早，而最终面积数据需要以 2008 年年末统计报告数据为准，因此对耕地地力评价单元图，以乡镇为单位分别进行面积平差，保证评价结果数据与统计报告数据的一致。

六、耕地资源管理系统建立与应用

结合耕地资源管理需要，基于 GIS 组件开发了耕地资源信息系统，除基本的数据入库、数据编辑、专题图制作外，主要包括取样点上图、化验数据分析、耕地地力评价、成果统计报表输出、作物配方施肥等专业功能。利用该系统开展了耕地地力评价、土壤养分状况评价、耕地地力评价成果统计分析及成果专题图件制作。在此基础上，利用大量的田间试验分析结果，优化作物测土配方施肥模型参数，形成本地化的作物配方施肥模型，指导农民科学施肥。

为更好地发挥耕地地力评价成果的作用，更便捷地向公众提供耕地资源与科学施肥信息服务，我们基于 Web GIS 开发了网络版耕地地力与配方施肥信息系统，只需要普通的 IE 浏览器就可访问。该系统主要对外发布耕地资源分布、土壤养分状况、地力等级状况、耕地地力评价调查点与测土配方施肥调查点有关土壤元素化验信息，以及主要农业产业布局，重点是开展本地主要农作物科学施肥咨询。

第三章
耕地立地条件与农田基础设施

第一节　立地条件状况

　　嘉善县位于扬子准地台内钱塘台褶带东北的余杭—嘉兴台陷的东北端浙北平原区东北部，为大面积第四系覆盖区。晋宁运动（8±0.5）亿年促成隆起上升成陆地，震旦纪至奥陶纪保持相对隆起状态，志留纪开始包括晚古生代为台地海的边缘地带。印支运动后，被以拗陷为主的振荡运动主宰，一直持续至喜马拉雅期。隐伏断裂构造发育，以北东向为主，东西向为次，另外还有北西向和北西西向两组断裂存在。通过境内的大断裂有四条：马金—乌镇深断裂，北东向；江山—绍兴深断裂，北东向；湖州—嘉善大断裂，东西向；惠民—广陈断裂，北西向。由于第四纪时期的气候变化，海面升降，几经海侵、消退陆原物质外伸，在海相沉积层上又沉湖河湖相，并经流水侵蚀，经过漫长复杂自然过程，又经人工刻画，形成现代地貌。

一、立地条件

　　耕地立地条件主要从地形、地貌及成土母质上划分定级。嘉善县耕地在地形上，绝大部分属于水网平原地区水稻土，全县地势低平，河湖密布，自东南向西北缓缓倾斜，成土母质上本县因受湖、河、海的影响，母质类型较为复杂，以湖相沉积为主，伴有河、海相的影响，并有交替的多次沉积，这种不同类型的沉积物，在相异的地段经历沼泽潜育化，草甸化等自然成土过程，而后经过长期的耕作熟化，形成了各类耕作土壤。同时又受地形制约，呈现一定的规律性。沪杭铁路以南地区，成土母质为河湖沉积物，质地以重壤为主；以北地区以湖沼相为主，并有河湖相沉积物相间存在，土壤类型较为复杂。在地貌上，境内地势低平，河湖密布。自东南向西北缓缓倾斜，东南部的大通、大云一带较高，西北部的陶庄、汾玉一带较低。全县平均高程为 3.67m（吴淞标高，下同），地面高差不到 2m。仅东南部个别孤丘超过 4.5m。河流走向大多为西南—东北向，汇入黄浦江。地表均为第四系沉积物所覆盖。依微地形结构，沿三店塘—凤桐港—伍子塘—茜泾塘—清凉庵一线，境域分为北部低地湖荡区和南部碟缘高圩区。

（一）北部低地湖荡区

北部低地湖荡区范围约占全县总面积的 60%，属以太湖为中心的浅碟形洼地部分。地面高程一般为 3.2~3.6m。湖荡众多，河湖串连。南北向河流宽畅平直，是境内北汇河道的中下游。东西向河流除几条人工开挖的外，大多弯曲，转辗数度而汇入黄浦江。主要湖荡河港有汾湖、长白荡、马斜湖、蒋家漾、夏墓荡、祥符荡、芦墟塘、伍子塘、长生塘、六斜塘、和尚塘、红旗塘、塘港、幸福河等。因水系东泄、北汇通道仅黄浦江一条，又水位落差极小，故众多的湖荡对洪涝的自然调节作用较差，多患涝灾。新中国成立以来的圩区水利工程建设，极大提高了抗洪排涝能力。县境原为泻湖区，泻湖相的沉积物广为分布，几千年来在人类生产活动的参与下发育了土层深厚、黏性较重的脱潜潴育型水稻土，本区水面丰富，是嘉善县水产养殖的主要基地。

（二）南部碟缘高圩区

南部碟缘高圩区的范围约占全县总面积的 40%，地势略高于北部低地湖荡区，一般在 4m 左右，个别孤丘在 4.5m 以上。零星孤丘有几十平方米到几亩大小不等，为钱塘江古河道北岸沙堤的残存部分。原始冈丘之间的平地为原河道入海口或叉道口。历经几千年的人类生产活动，现今仅剩零星残丘突兀于地面。坦荡平整的旱地，历来为境内种瓜植桑、饲养牲畜的重要地区。与北部低地湖荡区相比，河道较少，河面狭窄。地表以泻湖相沉积物为主，经长期的农桑生产，发育了潴育型水稻土。

二、耕地土壤

本区是典型的水网平原，土壤类型受地形、地貌、水文、母质及人为活动的深刻影响，土壤种类的分布呈现一定的规律性。路南地区的碟缘高田，地势较高，冬、春地下水位稳定在 46cm 左右，母质以河相沉积为主，土壤类型分布多见黄斑塥田、黄心青紫泥田。路北地区的低洼圩田，地面高程较路南要低，土壤母质以湖沼相沉积为主，并有河湖相沉积物相间存在，土壤类型较为复杂，以土层中有腐泥层的青紫泥田、黄化青紫泥田、黄心青紫泥田土种为主。在红旗塘和夏墓荡等大荡漾四周的倾斜地形地段，分布有因倾斜漂洗而形成的白心青紫泥田。

丁栅、陶庄一线，受微地貌影响，略高于低洼圩田的岛状圩田土体中，可见到脱潜程度较明显，犁底层下出现面积大于 20% 小于 50% 的黄化层次，是黄化青紫泥田的主要分布地域。

综观全县的土壤分布，从南到北为：碟缘高田的黄斑田、青塥黄斑田—黄心青紫泥田及由取土做坯造成的去头黄斑塥田—红旗塘两岸的白心青紫泥田—低洼圩田的青紫泥田、腐塥（腐心）青紫泥田—岛状圩田的黄化青紫泥田。

表　嘉善县土壤类型表　　　　　（单位：亩）

土类		亚类		土属		土种		
代号	土名	代号	土名	代号	土名	代号	土名	面积
8 (5)	潮土	81 (51)	灰潮土	815 (515)	潮泥土	815-1 (515-1)	潮泥土	6 375.4
				816 (516)	堆叠土	816-2 (516-2)	壤质堆叠土	2 135.7
10 (7)	水稻土	102 (71)	渗育水稻土	1026 (727)	小粉田	1026-3 (727-30)	青紫头小粉田	6 652.4
		103 (72)	潴育水稻土	1038 (726)	黄斑田	1038-1 (726-1)	黄斑田	88 646.3
						1038-2 (726-2)	青塥黄斑田	38 520.7
						1038-7 (726-7)	泥汀黄斑田	905.9
		104 (73)	脱潜潴育水稻土	1041 (731)	黄斑青紫泥田	1041-1 (731-1)	黄斑青紫泥田	71 886.2
				1045 (735)	青紫泥田	1045-1 (735-1)	青紫泥田	98 941.4
						1045-2 (735-2)	泥炭心青紫泥田	2 252.3
						1045-3 (735-3)	白心青紫泥田	40 825.9
						1045-4 (735-4)	黄心青紫泥田	95 763.8
						1045-5 (735-5)	粉心青紫泥田	2 710.5

（续表）

土 类		亚 类		土 属		土 种		
代号	土名	代号	土名	代号	土名	代号	土名	面积
10 (7)	水稻土	105 (74)	潜育水稻土	1053 (744)	烂青紫泥田	1053-1 (744-1)	烂青紫泥田	2 383.5
全县合计								458 000.0

据 2004 年土壤调查，根据土壤分类系统，嘉善县土壤分为水稻土、潮土两个土类，下分 5 个亚类，7 个土属，13 个土种见上表。从总体分析，嘉善县土壤耕作历史悠久，土层深厚，质地均细，受水热条件和干湿交替的影响，土层分化明显，养分丰富。2004 年土壤调查结果分析：全县耕地有机质平均含量为 35.3g/kg（n＝303），全氮平均含量为 2.17g/kg（n＝303），速效磷含量平均为 29.7mg/kg（n＝303），速效钾含量平均为 138mg/kg（n＝303），呈微酸性至中性，土壤宜种性广，生产水平高，供保肥性能均较好，适宜性广，粮、渔、饲、林果、花卉等面积较大。

三、耕地类型

嘉善县耕地类型区属于南方稻田耕地类型区，并分属平原河网稻田亚区，耕地主要分为水田、旱地两类。

（一）水田

全县水田面积占耕地面积的 95.1%，嘉善县的水田土壤均属水稻土，具有较深厚熟化的耕作层；土壤剖面具有深厚而又明显的斑纹层。土体结构良好。具有较好的水、肥、气、热环境因素，调节缓冲力强，宜水、宜旱、高产、稳产。全县水田主要土种类型共计 11 种。

（二）旱地

全县旱地面积占耕地面积的 4.9%，土壤类型主要为潮土类，面积较少。土壤母质为湖河浅海相沉积物，经长期的旱作熟化下形成的土壤类型，有部分是农田基本建设中新开河道，平整土地时人工堆叠而成，分为潮泥土和堆叠土二大土属。潮泥土是嘉善县近城、镇的部分水田划出来，作为蔬菜地。由于水田变旱地，通过精细耕作，成为熟化的旱地土壤；还有嘉善县20 世纪 60 年代围垦湖荡，通过农田水利建设，改良而成的旱地土壤，大多以种桑为主，也有少量种杂粮与番薯。分布在西塘镇北片，丁栅镇一带。堆叠土，在全县 11 个镇均有分布，以路南和红旗塘两岸各镇居多，由于开凿或疏通河道，平整土地堆叠而成，剖面层次杂乱。

随着嘉善县农业产业结构不断优化调整，效益农业不断推进，蔬菜、瓜类、园地等相对旱地的经济作物面积不断扩大、逐渐向水田转移，水旱轮作成为嘉善县大棚作物主要的耕作方式，这对缓和季节性土壤水、气、热矛盾有明显的调节作用。据嘉善县 2009 年统计，全县耕地总播种面积 73.79 万亩，其中，粮食作物 43.22 万亩、蔬菜 23.44 万亩、西甜瓜 2.97 万亩、花卉苗木 1.23 万亩、其他 2.93 万亩。

第二节　农田基础设施

农田基础设施是保障农业生产的物质基础，为农业生产的发展创造了优越的条件。嘉善县农田基础设施建设主要以兴修水利、中低产田改造、土地整理、农业综合开发以及农业园区化建设等项目的实施为主。

一、大力兴修水利，加强圩区与农田排灌设施建设

嘉善县地势平坦，田面平均高程为 3.67m（吴淞高程），地面高差不到 2m。全县大小河道 542 条，总长 1 693.7 km，大小湖荡 59 只。嘉善县河流，西承嘉兴、太湖来水，北入阳澄淀泖滞蓄，东排黄浦入海。境北由于地势低洼，港荡众多；水面率达 14.9%，是杭嘉湖平原平均水网密度最高地区。又因进水断面（3 229 m²）大，出水断面（1 487 m²）小，常常遭受洪涝渍害。境南地势较高，河港较少，又多旱灾。

为预防自然灾害，历代曾多次发动兴修水利工程，但由于时兴时废，水旱之患始终未能解除。新中国成立后，周边地区进行了大规模的水利建设，特别 1958 年江苏省开挖太浦河以后，过境水大增，北排通道被阻，使历史上的洪水北泄，变成了北水南压。面对水系变化的现实，从 50 年代末起，县内制订并实施开疏东西向河道，培修圩堤，联圩建闸，发展机电排灌等系列配套工程进行洪、涝、渍、旱综合治理。到 1992 年年底止，建成许多质量较高的水利工程，基本上能控制一般年份的洪、涝、旱灾害。

80 年代中期，县境北部低洼涝区，全面进入圩区整治阶段，1986—1990 年，利用国家和浙江省发展粮食专项奖金，进行圩区建设。从 1988 年开始，利用国家和浙江省土地建设资金，进行中低产田改造。对原圩区，进一步扩

大联圩面积，把抗洪排涝能力，提高到抗洪 20 年一遇、排涝 10 年一遇的标准。

进入 90 年代后，嘉善县对农田水利设施的投入掀起了高潮。其间完成太浦河治理工程、杭嘉湖北排通道工程、红旗塘整治工程等太湖流域的重点水利工程，极大地提高了嘉善县的水利设施综合水平，有效缓解了制约嘉善县农作物生产的严重"水害、渍害"问题。目前，全县机电有效灌溉总面积达 43.62 万亩，占全县耕地总面积的 95.10%，旱涝保收面积 37.35 万亩，占全县耕地总面积的 81.4%。

二、广泛筹集资金，不断推进土地整理工作

土地整理主要是农业用地整理，包括水田、园地、菜地、小河小浜、沟渠等，同时还对一些农村宅基地，工矿企业用地、道路、废弃池、未利用地等进行整理。为改善农业生产基础设施条件，提高土地利用、产出率，合理开发土地后备资源，土地整理项目涉及范围广，资金使用量大。从 1998 年开始启动，全县所有土地整理项目均符合土地利用总体规划，且均位于基本农田保护区内，现已整理成"田成方、渠相通、路相连、林成网、灌得进、排得出"的现代化农业园区标准，做到土地整理与农业综合开发、现代农业园区建设、水利圩区建设、农业产业结构调整、农村"双整治"五个结合。

三、做好配套协调，加快农业综合开发与现代农业园区建设

从 1992 年 8 月嘉善县被列入省农业综合开发工程开始，全县在开展土地整理建成标准农田的同时，大力实施农业综合开发与各镇现代农业科技示范园区建设。通过农业综合开发对原沟渠适当进行科学规划、重新布置，加以硬化，并建成水泥路面或铺设砂石路面，建立了保护林等农田绿化带。全县农业基础设施得到明显改善，初步形成了农田标准化、规划田园化、农业生态化的局面。做到每个镇都有 1~2 个达到"田成方、路成网、渠相连、林成行、土肥沃"的现代标准农田要求，基本实现农业生产的机械化、良种化、轻型化，普及了先进适用技术的应用面，提高了农业技术到位率。

（一）农业设施规范化

（1）水利设施。全县机电排灌设施和农田水利工程体系完善，基本能做到雨季"一日暴雨一日排出（南部地区）和一日暴雨二日排出（北部地区）"的要求，旱季能满足作物灌溉需求。

（2）农田交通。全县农田硬化道路覆盖率高、四通八达，基本保证"作业机械下得去、上得来""农资运得进的，产品输得出"的要求，为大力推广农业机械和规模化经营提供了基础性保障。

（3）标准农田。共建成标准农田31.77万亩。标准农田建设改善了标准化农田网络系统，有力推进了全县机械化进程，有利于推广应用先进的农业生产技术。

（4）绿化屏障。全区农田硬化道路两侧绿化、农田防护林完备，基本做到农田机耕路全覆盖，对增强农业生产抗御自然灾害能力和稳产高产起到了关键性作用。

（二）农业生产专业化

在充分发挥地区优势，实现农林牧渔全面发展的前提下，实现生产专业化和特色化，促进农业生产结构的合理调整，走"一村一品"和"一乡一品"专业化生产之路。

（1）推广"猪—沼—粮（瓜/果/蔬/菜）"生态循环模式。畜禽便和废水通过沼气池产生大量沼气（清洁能源），沼渣沼液应用于农田生态系统，实现养殖废弃物的绿色循环。

（2）推广稻鸭共养。鸭子在稻田中放养可减少稻田杂草生长，减少农药和饲料量。鸭粪便又可作为优质有机肥，促进水稻健康生长，实现稻鸭互惠互利的共养生态模式。

（3）推广桃园/橘园鸡。通过在果园中放养鸡，一方面为鸡提供了良好生长环境，提升了鸡肉品质，另一方面大量鸡粪为果园提供了丰富的有机肥，减少化肥投入，实现种养殖业有机结合。

（4）发展特色乡镇产业。罗星甜瓜；惠民蜜梨、大豆；干窑大米、草莓；姚庄黄桃、食用菌、番茄、水产；天凝葡萄；陶庄水产等。

（三）生产技术科学化

科技进步成为农业生产发展的主要推动力，现代科学技术在农业生产领域得到广泛应用，农业科研、教育、推广网络齐全，相互配套，形成多层次覆盖农村的农科教网络。

（1）测土配方施肥技术。根据土壤养分特性和作物养分吸收规律，按照"因缺补缺"和"平衡施肥"的原则，合理降低氮肥用量，增施磷肥、钾肥、微量元素肥，生态消纳畜禽粪便，提高化肥利用率，促进农业资源的合理有效利用。

（2）病虫害统防统治技术。积极组织植保专业合作社开展病虫害统防统治工作，提高防治技术到位率，减少农药使用次数和数量，积极推广高效低毒农药，提高农药利用率，大力提升本区农产品的档次和品质。

（四）生产手段现代化

农业生产主要环节普遍实现机械化，农机的科研、生产、维修配套，劳动生产率大幅度提高，建立起发达的农用工业保障体系，化肥、农药、农膜等朝着高效、低毒、低污染方向发展，并能满足农业生产的要求。

（1）大力推广秸秆还田。通过机械切碎还田和稻草覆盖马铃薯轻型栽培两种模式推广秸秆还田，实现秸秆还田率达到85%以上，提高土壤有机质，改善土壤理化性状，提高耕地粮食综合生产能力。

（2）畜禽粪便综合利用。一是要通过排泄物治理工程，做好干湿分离和雨污分离工作，加大畜禽干粪收集处理力度，大力推广畜禽粪商品有机肥。二是必须严格管理畜禽养殖业，提升养殖水平，从源头控制污染物排放量。三是推广户用沼气池，为农户提供大量清洁能源和丰富有机肥（沼渣沼液）。

（3）推进农业机械化进程。近年来，嘉善县农户购机热情十分高涨，购机总额和补贴资金每年递增。一是大中型拖拉机、谷物联合收割机和插秧机需求量空前高涨；二是购机档次高，农户对"洋马""久保田""矢崎"等品牌农机需求较多；三是智能化农机逐步引进示范，对提高劳动生产率与实现机械换人作用显著。

（五）生产服务社会化

农民专业合作社的发展，有效解决了小生产与大市场的对接，对提高农业生产组织化程度、提升专业化服务水平、推进农业产业化经营和增加农民收入有积极的推进作用。截至2010年年底，嘉善县已建成农民专业合作社157家，其中，有省级示范性合作社9家。

第四章

耕地土壤属性

第一节 总体情况

一、嘉善县农田施肥量状况

"九五"期间，嘉善县农田纯化肥施用量平均每亩耕地 32.7kg，低于全市和全省平均水平。2009 年，嘉善县化肥使用量（折纯）总计 10 830 t，其中，氮肥 6 191t，占全年化肥用量的 57.17%；磷肥 1 423 t，占 13.14%；钾肥 620t，占 5.72%；复合肥 2 596 t，占 23.97%。纵观 2000 年以来，施用化肥结构在不断地调整，但是氮肥施用比例还是有些偏高，磷、钾肥投入不足。

二、嘉善县土壤养分总体状况

嘉善县耕地冬季地下水位平均 30.38cm，最大值 64.00cm，最小值 15.00cm；耕层厚度平均 14.16cm，最深 21.00cm，最浅 11.00cm。根据 749 个样品的测试情况可知，土壤容重平均 $1.09g/cm^3$，最大 $1.30g/cm^3$，最小 $0.90g/cm^3$；pH 值平均 6.04，最高 7.50，最低 4.90；全氮含量平均 2.14g/kg，最高 3.69g/kg，最低 0.91g/kg；有机质平均 37.38g/kg，最高 60.90g/kg，最低 13.30g/kg；有效磷平均 25.89mg/kg，最高 301.00mg/kg，最低 0.50mg/kg；速效钾平均 130.10mg/kg，最高 473.00mg/kg，最低 22.00mg/kg，详见表 4-1。

表 4-1　嘉善县耕地地力评价调查点数据汇总表

测验项目	最大值	最小值	平均值	测试样品数目
全氮（g/kg）	3.69	0.91	2.14	749
有机质（g/kg）	60.90	13.30	37.38	749
有效磷 Olsen 法（mg/kg）	301.00	0.50	25.89	749
速效钾（mg/kg）	473.00	22.00	130.10	749
阳离子交换量（cmol/100g 土）	29.90	14.90	20.48	749
水溶性盐总量（g/kg）	0.90	0.10	0.11	749

第二节　有机质和大量元素

2008 年，农业部测土配方施肥补贴资金项目实施过程中，嘉善县共采集土壤样品 2 460 个，记载取样点的基本情况，进行农户施肥情况调查。在全部取样点中选取 749 个样品进行耕地地力评价，其中，评价单元有 3 236 个。

一、土壤有机质

嘉善县土壤有机质含量平均为 35.30g/kg，全县含量水平中偏高，标准差 4.58，变异系数 0.13，其中，有机质含量 >40g/kg，占全县总面积的 30.1%；含量在 30~40g/kg，占全县总面积的 63.9%；含量在 20~30g/kg，占全县总面积的 6.0%（表 4-2）。

表 4-2　嘉善县 2008 年土壤有机质现状　　（单位：g/kg）

指标分级	最小值	最大值	平均值	标准差	变异系数	面积（亩）	占全县比重（%）	评价单元（个）
>40	40.01	53.29	42.40	2.34	0.06	142 614.7	30.1	3 236
30~40	30.01	40.00	34.97	2.73	0.08	302 648.3	63.9	3 236
20~30	20.58	30.00	28.49	1.49	0.05	28 221.7	6.0	3 236
≤20	0	0	0	0	0	0	0	3 236

嘉善县土壤有机质区域分布：土壤有机质区域分布的总趋势是以沪杭线为界，呈现从南到北逐渐增高，从东到西逐渐增高（图 4-1）。其中，杨庙镇、天凝镇较高，平均为 44.24g/kg 和 41.15g/kg，这与杨庙镇长期种植雪菜并不断扩大面积有密切的关系；而较低是大云镇，平均为 30.33g/kg。最

北部几个乡镇有机质含量有一定程度的下降主要是因为长期种植水稻的缘故。

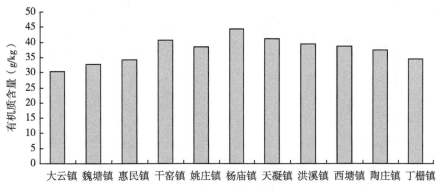

图 4-1　各镇土壤有机质含量

二、土壤养分

(一) 土壤全氮

嘉善县土壤全氮含量平均为 2.07g/kg，土壤氮素含量比较丰富，标准差是 0.23，变异系数 0.11。其中，全氮含量>3.0g/kg，占总面积的 0.2%；含量在 2.5~3.0g/kg，占总面积的 7.6%；含量在 2.0~2.5g/kg，占总面积的 62.3%；含量在 1.5~2.0g/kg，占总面积的 29.9%（表4-3）。

表 4-3　嘉善县 2008 年土壤全氮现状　　　　　　　（单位：g/kg）

指标分级	最小值	最大值	平均值	标准差	变异系数	面积（亩）	占全县比重（%）	评价单元（个）
>3.0	3.02	3.19	3.10	0.07	0.02	1 000.2	0.2	3 236
2.5~3.0	2.51	2.98	2.66	0.13	0.05	35 837.8	7.6	3 236
2.0~2.5	2.01	2.50	2.18	0.13	0.06	294 855.4	62.3	3 236
1.5~2.0	1.51	2.00	1.86	0.10	0.06	141 280.6	29.9	3 236
≤1.5	0	0	0	0	0	0	0	3 236

土壤全氮的区域分布与土壤有机质有一定的相关性，有机质储量高，全氮含量也比较高，也呈东到西、南到北含量逐渐增高的趋势，其原因也基本相似（图4-2）。

— 51 —

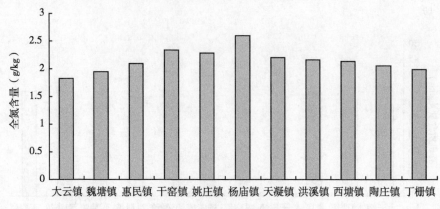

图 4-2　各镇土壤全氮含量

（二）土壤有效磷

全县土壤有效磷含量较高，但差异较大。范围在 2.12～173.35mg/kg，平均值为 29.49mg/kg，标准差 18.35，变异系数 0.62。其中，速效磷含量>40mg/kg，占总面积的 14.2%；含量 30～40mg/kg，占总面积的 12.4%；含量 20～30mg/kg，占总面积的 31.8%；含量 15～20mg/kg，占总面积的 14.9%；含量 10～15mg/kg，占总面积的 15.3%；含量 5～10mg/kg，占总面积的 10.8%；含量≤5mg/kg，占总面积的 0.6%（表 4-4）。

表 4-4　嘉善县 2008 年土壤有效磷现状　　　　（单位：mg/kg）

指标分级	最小值	最大值	平均值	标准差	变异系数	面积（亩）	占全县比重（%）	评价单元（个）
>40	40.03	173.35	61.04	24.52	0.40	67 409.3	14.2	3 236
30～40	30.01	40.00	33.94	2.77	0.08	58 757.6	12.4	3 236
20～30	20.01	29.96	25.27	2.81	0.11	150 600.3	31.8	3 236
15～20	15.04	20.00	17.72	1.43	0.08	70 318.9	14.9	3 236
10～15	10.05	14.99	12.48	1.43	0.11	72 461.4	15.3	3 236
5～10	5.04	9.97	8.05	1.33	0.17	51 266.7	10.8	3 236
≤5	2.12	4.95	4.06	0.88	0.22	2 670.5	0.6	3 236

全县土壤有效磷的区域分布没有明显的分布规律，含量高与低的差异较大，各镇的平均值差异不大，天凝镇、洪溪镇、陶庄镇等地有效磷含量相对

较低，其中，陶庄镇平均值 10.02mg/kg 为最低（图 4-3）。分析其原因可能北部地区大部分是纯水稻种植区，一般水稻田不施磷肥引起的。

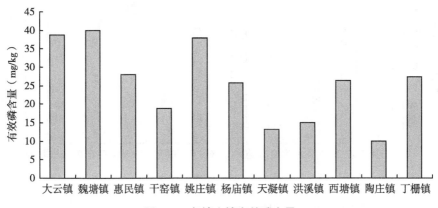

图 4-3　各镇土壤有效磷含量

（三）土壤速效钾

全县土壤速效钾比较丰富，平均值为 132.53mg/kg，其范围在 59.00～414.00mg/kg。标准差 30.59，变异系数 0.23。其中，速效钾含量>150mg/kg，占总面积的 9.1%；含量 100～150mg/kg，占总面积的 88.3%；含量 80～100mg/kg，占总面积的 2.5%；含量 50～80mg/kg，占总面积的 0.1%（表 4-5）。

表 4-5　嘉善县 2008 年土壤速效钾现状　　　　　（单位：mg/kg）

指标分级	最小值	最大值	平均值	标准差	变异系数	面积（亩）	占全县比重（%）	评价单元（个）
>150	151.00	414.00	186.77	47.30	0.25	43 095.2	9.1	3 236
100～150	101.00	150.00	124.67	11.58	0.09	418 077.7	88.3	3 236
80～100	81.00	100.00	96.44	4.19	0.04	11 820.6	2.5	3 236
50～80	59.00	80.00	73.43	8.08	0.11	491.2	0.1	3 236
≤50	0	0	0	0	0	0	0	3 236

从全县来看，土壤速效钾的区域分布没有明显的分布规律，各镇的平均值差异不大，以魏塘镇 155.42mg/kg 为最高，以洪溪镇 118.44mg/kg 为最低（图 4-4）。

— 53 —

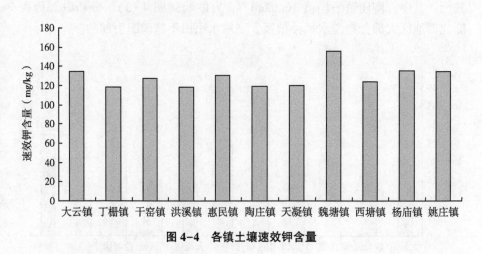

图 4-4　各镇土壤速效钾含量

三、土壤养分时空演变状况

与 1984 年第二次土壤普查数据进行比较（表 4-6），土壤养分含量总体上都有一定程度的提高，特别是有效磷，提高了 2.88 倍。但是细分到乡镇，我们会发现，如魏塘镇、惠民镇、大云镇等沪杭线南片区的有机质、全氮含量有所下降，该部分地区应加大有机肥的投入，用于培肥地力。

表 4-6　嘉善县土壤养分含量变化

年　份	有机质 （g/kg）	全　氮 （g/kg）	有效磷 （mg/kg）	速效钾 （mg/kg）
1984	35.00	2.06	7.6	99
2008	35.30	2.07	29.49	132.53

第三节　中量元素

一、嘉善县土壤有效硫现状

嘉善县土壤有效硫含量平均为 82.75mg/kg，最低为 22.9mg/kg，最高为 303.3mg/kg（表 4-7，图 4-5）。其中，含量 < 30mg/kg 占总面积的 1.3%，含量在 30～50mg/kg 占总面积的 18.6%，含量 > 50mg/kg 占总面积的 80.1%。

表 4-7　2008 年嘉善县土壤有效硫现状　　　　（单位：mg/kg）

指标	范围	平均值	标准偏差	最小值	最大值	样品数
有效硫	22.9~303.3	82.75	48.68	22.9	303.3	302

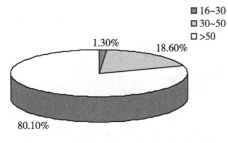

图 4-5　土壤中有效硫含量面积比例图　　　图 4-6　土壤中有效硅面积比例图

二、嘉善县土壤有效硅现状

嘉善县土壤有效硅含量平均为 168.5mg/kg，最低为 96mg/kg，最高为 286mg/kg（表 4-8，图 4-6）。其中，含量在<130mg/kg 占总面积的 5.3%，含量在 130~200mg/kg 占总面积的 82.8%，含量>200mg/kg 占总面积的 11.9%。

表 4-8　2008 年嘉善县土壤有效硅现状　　　　（单位：mg/kg）

指标	范围	平均值	标准偏差	最小值	最大值	样品数
有效硅	96~286	168.5	29.02	96	286	302

三、嘉善县土壤有效钙现状

嘉善县土壤有效钙的含量平均为 1 913 mg/kg，最低为 996mg/kg，最高为 3 642 mg/kg（表 4-9，图 4-7）。全部达到极丰富标准。其中，含量<1 500mg/kg占总面积的 7.6%，含量在1 500~3 000mg/kg 占总面积的 91%，含量 >3 000mg/kg 占总面积的 1.4%。按照土壤养分分级标准：测试样品全部达到高等标准，即达到 1 级（>600mg/kg）标准。

表4-9　2008年嘉善县土壤有效钙现状　　（单位：mg/kg）

指标	范围	平均值	标准偏差	最小值	最大值	样品数
有效钙	996~3 642	1 913	377.07	996	3 642	302

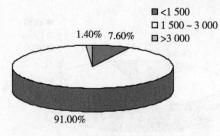

图4-7　土壤中有效钙含量面积比例图　　图4-8　土壤中有效镁含量面积比例图

四、嘉善县土壤有效镁现状

嘉善县土壤有效镁的含量平均为432.5mg/kg，最低为230mg/kg，最高为709mg/kg，全部达到极丰富的标准（表4-10，图4-8）。其中，含量<300mg/kg占总面积的4%，含量在300~600mg/kg占总面积的93.7%，含量>600mg/kg占总面积的2.3%。按照土壤养分分级标准：全部样品达到高等标准，即达到1级（>150mg/kg）标准。

表4-10　2008年嘉善县土壤有效镁现状　　（单位：mg/kg）

指标	范围	平均值	标准偏差	最小值	最大值	样品数
有效镁	230~709	432.5	71.51	230	709	302

第四节　微量元素

一、嘉善县土壤有效铜现状

嘉善县土壤有效铜含量平均为7.1mg/kg，最低为1.4mg/kg，最高为30.2mg/kg（表4-11，图4-9）。含量>2mg/kg达到丰富占总面积的99.7%，属很高水平。含量在<4mg/kg占总面积的4%，含量在4~8mg/kg占总面积

72.5%，含量在>8mg/kg 的占总面积的 23.5%。按照土壤养分分级标准：测试样品全部达到高等标准，其中，1 级（>2mg/kg）为 301 个，占总面积的99.7%，2 级（1~2mg/kg）为 1 个，占总面积的 0.3%。

表 4-11　　2008 年嘉善县土壤有效铜现状　　（单位：mg/kg）

指标	范围	平均值	标准偏差	最小值	最大值	样品数
有效铜	1.4~30.2	7.1	2.91	1.4	30.2	302

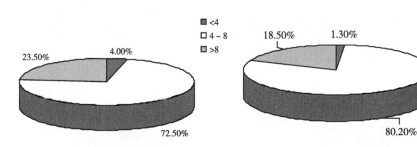

图 4-9　土壤中有效铜含量面积比例图　　图 4-10　土壤中有效锌含量面积比例图

二、嘉善县土壤有效锌现状

嘉善县土壤有效锌含量平均为 8.6mg/kg，最低的为 0.44mg/kg，最高的为 60.7mg/kg（表 4-12，图 4-10）。其中，含量<1mg/kg 占总面积的1.3%，含量在 1~10mg/kg 占总面积的 80.2%，含量>10mg/kg 占总面积的18.5%。按照土壤养分分级标准：样品达到高等的为 298 个，占总面积的98.7%，其中，1 级（>3mg/kg）为 290 个，占总面积的 96%，2 级（1~3mg/kg）为 8 个，占总面积的 2.7%；达到中等即 3 级（0.5~1mg/kg）为 3个，占总面积的 1%；达到低等的为 1 个，占总面积的 0.3%，为 4 级（0.3~0.5mg/kg）标准。

表 4-12　　2008 年嘉善县土壤有效锌现状　　（单位：mg/kg）

指标	范围	平均值	标准偏差	最小值	最大值	样品数
有效锌	0.44~60.7	8.6	7.74	0.44	60.7	302

三、嘉善县土壤有效铁现状

嘉善县土壤有效铁的含量平均为 302mg/kg，最低为 38mg/kg，最高为 659mg/kg（表 4 - 13，图 4 - 11）。全部达到极丰富水平。其中，含量 <100mg/kg 占总面积的 7.3%，含量在 100~500mg/kg 占面积的 89.7%，含量>500mg/kg 占总面积的 3%。按照土壤养分分级标准：测试土样全部达到高等即 1 级（>20mg/kg）标准。

表 4-13　2008 年嘉善县土壤有效铁现状　（单位：mg/kg）

指标	范围	平均值	标准偏差	最小值	最大值	样品数
有效铁	38~659	302	91.74	38	659	302

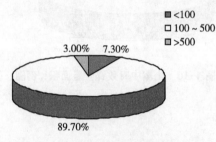

图 4-11　土壤中有效铁含量面积比例图

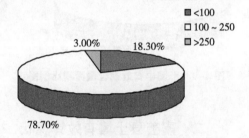

图 4-12　土壤中有效锰含量面积比例图

四、嘉善县土壤有效锰现状

嘉善县土壤有效锰的含量平均为 149mg/kg，最低 11mg/kg，最高 351mg/kg（表 4 - 14，图 4 - 12）。其中，含量 < 100mg/kg 占总面积的 18.3mg/kg，含量在 100~250mg/kg 占总面积的 78.7%，含量>250mg/kg 占总面积的 3%。按照土壤养分分级标准：测试土样全部样品达到高等，其中，1 级（>15mg/kg）为 301 个，占总面积的 99.7%，2 级（10~15mg/kg）为 1 个，占总面积的 0.3%。

表 4-14　2008 年嘉善县土壤有效锰现状　（单位：mg/kg）

指标	范围	平均值	标准偏差	最小值	最大值	样品数
有效锰	11~351	149	135.17	11	351	302

五、嘉善县土壤水溶性硼现状

嘉善县土壤水溶性硼含量平均为 0.62mg/kg，最低 0.14mg/kg，最高 2.96mg/kg（表 4-15，图 4-13）。其中，含量 < 0.5mg/kg 占总面积的 33.4%，含量在 0.5~1mg/kg 占总面积的 60.3%，含量 > 1mg/kg 的占总面积的 6.3%。按照土壤养分分级标准：测试土样达到高等的为 19 个，占总面积的 6.3%，其中，1 级（>2mg/kg）为 1 个，占总面积的 0.3%，2 级（1~2mg/kg）为 18 个，占总面积的 6%；达到中等（即 3 级）（0.5~1mg/kg）的为 182 个，占总面积的 60.3%；达到低等的为 101 个，占总面积的 33.4%，其中，4 级（0.2~0.5mg/kg）为 98 个，占总面积的 32.4%，5 级（≤0.2mg/kg）为 3 个，占总面积的 1%。

表 4-15　2008 年嘉善县土壤水溶性硼现状　（单位：mg/kg）

指标	范围	平均值	标准偏差	最小值	最大值	样品数
水溶性硼	0.14~2.96	0.62	0.27	0.14	2.96	302

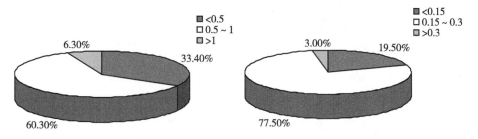

图 4-13　土壤中水溶性硼含量面积比例图　　图 4-14　土壤中有效钼含量面积比例图

六、嘉善县土壤有效钼现状

嘉善县土壤有效钼含量平均为 0.185mg/kg，最低为 0.08mg/kg，最高为 0.37mg/kg（表 4-16，图 4-14）。其中，含量 < 0.15mg/kg 占总面积的 19.5%，含量在 0.15~0.3mg/kg 占总面积的 77.5%，含量在 > 0.3mg/kg 占总面积的 3%。按照土壤养分分级标准：测试土样达到高等的为 111 个，占总面积的 36.8%，其中，1 级（>0.3mg/kg）为 9 个，占总面积的 3%，2 级（0.2~0.3mg/kg）为 102 个，占总面积的 33.8%；达到中等即 3 级（0.15~0.2mg/kg）为 132 个，占总面积的 43.7%；达到低等为 59 个，占总面积的

19.5%，其中，4级（0.1~0.15mg/kg）为56个，占总面积的18.5%，5级（≤0.1mg/kg）为3个，占总面积的1%。

表4-16　2008年嘉善县土壤有效钼现状　　　　（单位：mg/kg）

指标	范围	平均值	标准偏差	最小值	最大值	样品数
有效钼	0.08~0.37	0.185	0.05	0.08	0.37	302

第五节　其他属性

一、酸碱度（pH值）

嘉善县各评价单元土壤pH值的平均值为6.05，标准差0.26，变异系数0.04，其范围在5.10~7.40。其中，pH值在6.5~7.5的占总面积的2.7%；pH值在5.5~6.5的占总面积的95.7%；pH值在4.4~5.5的占总面积的1.6%（表4-17）。

表4-17　嘉善县2008年土壤pH值现状

指标分级	最小值	最大值	平均值	标准差	变异系数	面积（亩）	占全县比重（%）	评价单元（个）
>7.5	0.00	0.00	0.0	0	0	0.0	0.0	3 236
6.5~7.5	6.60	7.40	6.72	0.17	0.03	12 621.7	2.7	3 236
5.5~6.5	5.60	6.50	6.05	0.21	0.03	453 022.5	95.7	3 236
4.5~5.5	5.10	5.50	5.46	0.08	0.01	7 840.5	1.6	3 236
≤4.5	0	0	0	0	0	0	0	3 236

二、水溶性盐总量

嘉善县各评价单元土壤水溶性盐总量的平均值为0.11g/kg，标准差0.06，变异系数0.52，其范围在0.10~0.89g/kg，全县水溶性盐总量均较低。

三、阳离子交换量

全县各评价单元土壤容重平均含量1.10cmol/100g，标准差1.28，变异系数 0.06，其范围在 16.21～26.53cmol/100g。其中，阳离子交换量大于 20cmol/100g 的占总面积的 63.9%；含量在 15～20cmol/100g 的占总面积的 36.1%（表 4-18）。

表 4-18　嘉善县 2008 年土壤阳离子交换量现状（单位：cmol/100g）

指标分级	最小值	最大值	平均值	标准差	变异系数	面积（亩）	占全县比重（%）	评价单元（个）
>20	20.01	26.53	21.15	1.01	0.05	302 673.0	63.9	3 236
15～20	16.21	20.00	19.24	0.62	0.03	170 811.7	36.1	3 236
≤15	0.00	0.00	0.0	0	0	0.0	0.0	3 236

四、容重

全县各评价单元土壤容重平均含量 1.10g/cm³，标准差 0.06，变异系数 0.05，其范围在 0.94～1.21g/cm³。其中，容重在 1.1～1.3g/cm³ 的占总面积的 49.4%；容重在 0.9～1.1g/cm³ 占总面积的 50.6%（表 4-19）。

表 4-19　嘉善县 2008 年土壤容重现状　　　　（单位：g/cm³）

指标分级	最小值	最大值	平均值	标准差	变异系数	面积（亩）	占全县比重（%）	评价单元（个）
>1.3	0.00	0.00	0.0	0	0	0.0	0.0	3 236
1.1～1.3	1.11	1.21	1.14	0.02	0.02	234 128.3	49.4	3 236
0.9～1.1	0.94	1.10	1.04	0.05	0.04	239 356.4	50.6	3 236
≤0.9	0.00	0.00	0.0	0	0	0.0	0.0	3 236

五、耕层厚度

全县各评价单元土壤耕层评价厚度 14.23cm，标准差 0.83，变异系数 0.05，其范围在 12.00～20.00cm。其中，耕层厚度在 16～20cm 的占总面积的 0.8%；耕层厚度在 12～16cm 占总面积的 94.8%；耕层厚度在 8～12cm 的占总面积的 4.4%（表 4-20）。

表 4-20　嘉善县 2008 年土壤耕层厚度现状　　　（单位：cm）

指标分级	最小值	最大值	平均值	标准差	变异系数	面积（亩）	占全县比重（%）	评价单元（个）
>20	0.00	0.00	0.0	0	0	0.0	0.0	3 236
16~20	17.00	20.00	17.79	0.89	0.05	3 568.5	0.8	3 236
12~16	13.00	16.00	14.30	0.69	0.05	449 121.6	94.8	3 236
8~12	12.00	12.00	12.00	0.00	0.00	20 794.5	4.4	3 236
≤8	0.00	0.00	0.0	0	0	0.0	0.0	3 236

第五章

耕地地力

第一节 耕地地力评价概况

一、耕地地力评价指标体系

耕地地力是指由土壤本身特征，自然背景和耕作管理水平等要素构成的耕地生产能力。耕地是土壤的精华，是人们获取粮食及其他农产品而不可替代的生产资料。耕地地力由三大主要因素决定：一是立地条件，即与耕地地力直接相关的地形地貌及成土母质特征；二是土壤条件，包括土体构型、耕作层土壤的理化性状、特殊土壤的理化指标；三是农田基础设施及培肥水平等。为了比较准确地评价嘉善县耕地地力，根据专家经验法，选择了冬季地下水位、剖面构型、耕层质地、耕层厚度、排涝（抗旱）能力、耕层容重、阳离子交换量、pH 值、有机质、有效磷、速效钾、水溶性盐总量 12 项要素，构成嘉善县耕地地力评价的指标体系，将全县耕地分成二等三级。

二、耕地地力分级面积

此次评价，嘉善县耕地总面积以 457 758 亩计，土壤类型以水稻土为主，潮土面积很少。根据耕地地力与配方施肥信息系统分析汇总，将耕地地力划分为二等三级：全县一等田 285 257 亩，占全县总耕地面积的 62.3%，其中，一级田、二级田为 12 144 亩、273 113 亩；二等田面积 172 501 亩，占 37.7%，均为三级田（图 5-1，表 5-1），各镇耕地地力评价分级情况详见表 5-2。

嘉善县的耕地地力等级与各土种所处的微地形地势和土壤各项指标有一

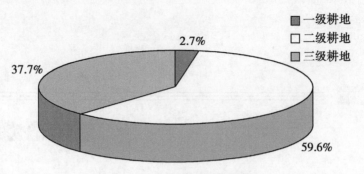

一级耕地
二级耕地
三级耕地

2.7%

37.7%

59.6%

图 5-1　各级耕地比例饼图

定的关系。属于一级耕地的土种主要有黄斑田、黄心青紫泥田、青塥黄斑田；属于二级耕地的土种主要有青紫泥田、黄心青紫泥田、青紫头小粉田、青塥黄斑田、壤质堆叠土；微地形地势较低的白心青紫泥田、泥炭心青紫泥田和烂青紫泥田为三级耕地（表5-3）。

表 5-1　嘉善县各镇耕地地力评价分级统计表　　　　（单位：亩）

		地块总数	所占比例（%）	总面积（亩）	所占比例（%）
合计		1 632	100	457 758	100
一等田		1 040	63.7	285 257	62.3
其中	一级	49	3.0	12 144	2.7
	二级	991	60.7	273 113	59.7
二等田		592	36.3	172 501	37.7
其中	三级	592	36.3	172 501	37.7
	四级	0	0.0	0	0.0

注：所占比例累加可能会有0.1%误差

表5-2 嘉善县各镇耕地地力评价分级统计表

乡镇名称	地块数	百分比	面积	百分比	地力指数平均值	一等田	百分比	其中		二等田	百分比	其中	
								一级田(%)	二级田(%)			三级田(%)	四级田(%)
大云镇	103	6.3	24 231	5.3	0.896	24 231	100.0	45.2	54.8	0.0	0.0	0.0	0.0
丁栅镇	197	12.1	33 968	7.4	0.763	1 721	5.1	0.0	5.1	32 247	94.9	94.9	0.0
干窑镇	135	8.3	37 271	8.1	0.846	37 245	99.9	0.0	99.9	27	0.1	0.1	0.0
洪溪镇	85	5.2	27 367	6.0	0.774	51	0.2	0.0	0.2	27 315	99.8	99.8	0.0
惠民镇	205	12.6	31 377	6.9	0.831	31 377	100.0	1.8	98.2	0.0	0.0	0.0	0.0
陶庄镇	141	8.6	40 563	8.9	0.751	328	0.8	0.0	0.8	40 235	99.2	99.2	0.0
天凝镇	51	3.1	21 361	4.7	0.763	0.0	0.0	0.0	0.0	21 361	100.0	100.0	0.0
魏塘镇	294	18.0	94 292	20.6	0.837	94 292	100.0	0.7	99.3	0.0	0.0	0.0	0.0
西塘镇	238	14.6	84 436	18.4	0.808	62 128	73.6	0.0	73.6	22 308	26.4	26.4	0.0
杨庙镇	60	3.7	31 469	6.9	0.788	2 462	7.8	0.0	7.8	29 007	92.2	92.2	0.0
姚庄镇	123	7.5	31 422	6.9	0.833	31 422	100.0	0.0	100.0	0.0	0.0	0.0	0.0

第五章 耕地地力

表 5-3　嘉善县耕地地力等级土种构成表

（单位：亩）

土　种	地块数	百分比	面积	百分比	一等田	百分比	一级田(%)	二级田(%)	二等田	三级田(%)	四级田(%)
白心青紫泥田	121	7.4	41 411	9.0	23 167	55.9	0.0	55.9	18 244	44.1	0.0
潮泥土	37	2.3	1 031	0.2	679	65.9	0.0	65.9	352	34.1	0.0
粉心青紫田	10	0.6	2 448	0.5	2 141	87.4	0.0	87.4	307	12.6	0.0
黄斑青紫泥田	337	20.6	76 654	16.7	17 369	22.7	0.0	22.7	59 285	77.3	0.0
黄斑田	358	22.0	87 649	19.1	57 946	66.1	2.8	63.4	29 704	33.9	0.0
黄心青紫泥田	304	18.6	98 448	21.5	78 053	79.3	6.2	73.0	20 394	20.7	0.0
烂青紫泥田	12	0.7	445	0.1	0.0	0.0	0.0	0.0	445	100.0	0.0
泥炭心青紫泥田	3	0.2	2 816	0.6	0.0	0.0	0.0	0.0	2 816	100.0	0.0
泥汀黄斑田	1	0.1	2	0.0	2	100.0	100.0	0.0	0.0	0.0	0.0
青搁黄斑田	97	5.9	35 254	7.7	25 141	71.3	10.2	61.1	10 113	28.7	0.0
青紫泥田	303	18.6	106 619	23.3	75 887	71.2	0.0	71.2	30 732	28.8	0.0
青紫头小粉田	23	1.4	4 542	1.0	4 521	99.6	0.0	99.6	20	0.4	0.0
壤质堆叠土	26	1.6	440	0.1	352	80.0	0.0	80.0	88	20.0	0.0
合　计	1 632	0.0	457 758	0.0	285 258	62.3	0.0	0.0	172 501	37.7	0.0

第二节　一级地力耕地

嘉善县一级地力耕地面积为 12 144 亩，主要分布于大云镇、惠民镇和魏塘镇，土种主要有黄斑田、黄心青紫泥田、青塥黄斑田和泥汀黄斑田等。

一、立地状况

该级地力耕地的地貌类型为水网平原。成土母质为河湖相沉积物和河海相沉积物，土壤质地为黏壤土、黏土，水稻基础地力产量在550kg/亩以上，耕层厚度水田在15cm左右（表5-4），100cm土体内无障碍层出现或出现在40~60cm（表5-5），剖面构型为 A-Ap-W-C、A-Ap-Gw-G 等为主。灌溉保证率在95%以上，排涝能力达到一日暴雨一日排出，属旱涝保收农田。

表 5-4　嘉善县一级地力耕地土壤耕层厚度分布情况 （单位：cm）

乡镇名称	耕层厚度					面积（亩）	占全县一级比重（%）
	最小值	最大值	平均值	标准差	变异系数		
大云镇	13.00	16.00	14.27	0.60	0.04	10 941.8	90.1
惠民镇	14.00	14.00	14.00	0.00	0.00	554.6	4.6
魏塘镇	15.00	15.00	15.00	0.38	0.03	647.8	5.3

表 5-5　嘉善县一级地力耕地地下水位分布情况 （单位：cm）

乡镇名称	冬季地下水位					面积（亩）	占全县一级比重（%）
	最小值	最大值	平均值	标准差	变异系数		
大云镇	51.00	62.00	56.68	2.64	0.05	10 941.8	90.1
惠民镇	52.00	54.00	53.33	1.15	0.02	554.6	4.6
魏塘镇	48.00	50.00	49.00	2.70	0.06	647.8	5.3

二、理化性状

（一）容重

一级耕地的耕层容重在 1.11~1.17g/cm³，平均值为 1.15g/cm³，标准差0.02，变异系数0.02。一级耕地的耕层土壤容重都在 1.1~1.3g/cm³，面积 12 144.2 亩（表5-6）。

表 5-6　嘉善县一级地力耕地土壤容重分布情况　　（单位：g/cm³）

乡镇名称	容　重					面积（亩）	占全县一级比重（%）
	最小值	最大值	平均值	标准差	变异系数		
大云镇	1.11	1.17	1.15	0.02	0.02	10 941.8	90.1
惠民镇	1.16	1.16	1.16	0.00	0.00	554.6	4.6
魏塘镇	1.15	1.15	1.15	0.00	0.00	647.8	5.3

（二）阳离子交换量

一级地力耕地评价单元的阳离子交换量在 17.43～21.69cmol/kg，平均为 19.66cmol/kg，标准差为 0.99，变异系数为 0.05。一级地力耕地土壤阳离子交换量主要分布在 15～20cmol/kg，共 7 753.7 亩，占一级耕地总面积的 63.8%；大于 20cmol/kg 共 4 390.4 亩，占一级耕地总面积的 36.2%（表5-7）。全县一级地力耕地的阳离子交换量总体较高，土壤的保蓄性能较好，缓冲能力强。

表 5-7　嘉善县一级地力耕地土壤阳离子交换量分布情况

（单位：cmol/kg）

乡镇名称	阳离子交换量					面积（亩）	占全县一级比重（%）
	最小值	最大值	平均值	标准差	变异系数		
大云镇	17.43	21.69	19.61	1.00	0.05	10 941.8	90.1
惠民镇	19.76	20.06	19.95	0.17	0.01	554.6	4.6
魏塘镇	20.24	20.36	20.30	1.02	0.05	647.8	5.3

（三）pH 值

一级地力耕地所有评价单元的 pH 值介于 5.70～6.504，平均值为 5.95，标准差 0.15，变异系数 0.03。一级地力耕地土壤 pH 值主要分布在 5.5～6.5，共 12 144.2 亩（表5-8）。

表 5-8　嘉善县一级地力耕地土壤 pH 值分布情况

乡镇名称	土壤 pH 值					面积（亩）	占全县一级比重（%）
	最小值	最大值	平均值	标准差	变异系数		
大云镇	5.70	6.50	5.95	0.14	0.02	10 941.8	90.1
惠民镇	5.90	6.00	5.93	0.06	0.01	554.6	4.6
魏塘镇	6.00	6.20	6.10	0.28	0.05	647.8	5.3

三、养分状况

（一）有机质

一级地力耕地各评价单元的耕层土壤有机质含量在 27.06~32.91g/kg，平均为 30.22g/kg，标准差为 1.43，变异系数为 0.05（表 5-9）。一级耕地土壤有机质主要分布在 20~40g/kg，其中，分布在 20~30g/kg 共 5 816.3 亩，占一级耕地总面积的 47.9%；分布在 30~40g/kg 的共 6 328.1 亩，占总面积的 52.1%。与全县有机质含量相比较，一级耕地的有机质含量不是很高，但是因为一级耕地所在的 3 个镇都分布在路南地区，符合有机质整个变化趋势，即路南较低，路北较高。

表 5-9　嘉善县一级地力耕地土壤有机质分布情况　（单位：g/kg）

乡镇名称	土壤有机质					面积（亩）	占全县一级比重（%）
	最小值	最大值	平均值	标准差	变异系数		
大云镇	27.06	32.91	30.25	1.39	0.05	10 941.8	90.1
惠民镇	29.23	29.92	29.55	0.35	0.01	554.6	4.6
魏塘镇	29.05	32.17	30.61	2.30	0.08	647.8	5.3

（二）全氮

一级地力耕地各评价单元的耕层土壤全氮含量在 1.54~2.03g/kg，平均含量为 1.81g/kg，标准差为 0.10，变异系数为 0.05（表 5-10）。一级耕地土壤全氮主要分布在 1.5~2.0g/kg，共 10 987.9 亩，占一级耕地总面积的 90.5%；分布在 2.0~2.5g/kg 的共 1 156.2 亩，占总面积的 9.5%。与全县全氮平均含量相比，一级耕地的全氮含量与有机质一样偏低。

表 5-10　嘉善县一级地力耕地土壤全氮分布情况　（单位：g/kg）

乡镇名称	土壤全氮					面积（亩）	占全县一级比重（%）
	最小值	最大值	平均值	标准差	变异系数		
大云镇	1.54	2.03	1.81	0.09	0.05	10 941.8	90.1
惠民镇	1.77	1.80	1.78	0.02	0.01	554.6	4.6
魏塘镇	1.72	1.95	1.84	0.18	0.10	647.8	5.3

(三) 有效磷

一级地力耕地各评价单元的耕层土壤有效磷含量范围在 15.35 ~ 89.57mg/kg,平均含量为 43.08mg/kg,标准差为 17.25,变异系数 0.40 (表5-11)。一级耕地土壤有效磷主要分布在>20mg/kg,其中,分布在 20 ~ 30mg/kg 共 3 050.0 亩,占一级耕地总面积的 25.1%;分布在 30 ~ 40mg/kg 共 4 440.4 亩,占总面积的 36.6 %;分布在>40mg/kg 共 3 496.0 亩,占总面积的 28.8%,另外分布 15 ~ 20mg/kg 共 1 157.8 亩,占总面积的 9.5%。一级耕地土壤有效磷的丰缺程度较高,但是各乡镇之间以及乡镇内的评价单元之间的含量差异相对也较大,主要原因应该与实产实践有关,施肥用量不一。

表5-11　嘉善县一级地力耕地土壤有效磷分布情况　(单位: mg/kg)

乡镇名称	土壤有效磷					面积 (亩)	占全县一级比重 (%)
	最小值	最大值	平均值	标准差	变异系数		
大云镇	15.35	89.57	42.84	17.20	0.40	10 941.8	90.1
惠民镇	47.92	58.11	52.32	5.24	0.10	554.6	4.6
魏塘镇	31.49	37.52	34.51	19.82	0.57	647.8	5.3

(四) 速效钾

一级地力耕地各评价单元耕层土壤的速效钾范围在 105.00 ~ 208.00 mg/kg,平均含量为 147.57mg/kg,标准差为 27.55,变异系数 0.19 (表5-12)。构成一级地力耕地耕层土壤速效钾含量都比较高,平均值均在 100mg/kg 以上,主要分布在 100 ~ 150mg/kg,共 8 793.5 亩,占一级耕地总面积的 72.4%;另外含量>150mg/kg 的共 3 350.7 亩,占总面积的 27.6%。一级耕地土壤速效钾的丰缺程度较高,部分评价单元速效钾含量差异较大,这主要是由于少数蔬菜地等大量施肥导致土壤速效钾含量特别。

表5-12　嘉善县一级地力耕地土壤速效钾分布情况　(单位: mg/kg)

乡镇名称	土壤速效钾					面积 (亩)	占全县一级比重 (%)
	最小值	最大值	平均值	标准差	变异系数		
大云镇	105.00	208.00	147.75	27.91	0.19	10 941.8	90.1
惠民镇	141.00	156.00	147.00	7.94	0.05	554.6	4.6
魏塘镇	136.00	153.00	144.50	24.54	0.17	647.8	5.3

四、生产性能及管理建议

一级地力耕地是嘉善县综合生产潜力最高的一类耕地。长期以来，由于农业生产的精耕细作，对耕地采取了科学管理和肥力培育，土壤发育程度好，生产性能好，土壤宜种性强，排灌渠系完善，属旱涝保收的高产稳产良田。目前，农业利用上以水旱两熟为主，旱作以蔬菜、西瓜、油菜、大麦为主，水作以单季晚稻为主，年粮食生产能力在 550kg/亩左右。从这次调查结果看耕作层有机质、速效磷、速效钾、阳离子交换量（CEC）和容重指标值都比较好，反映出土壤肥力水平较高，保肥供肥能力强，但也存在土壤养分含量各评价单元之间不均衡，有部分土壤 pH 值较低，特别是一些常年大棚蔬菜有酸化趋势。因此，对于这类耕地的管理，农业种植上，可以根据市场需求，在作物适宜的温、光等自然环境条件下调整农业种植结构，在生产管理上，要因地制宜，因缺补缺，同时在增施有机肥的基础上调整用肥结构，多施碱性或生理碱性肥料。总之，根据土壤实际状况加强测土配方施肥和平衡施肥技术的应用推广，以培育和提高土壤肥力。

第三节　二级地力耕地

嘉善县二级地力耕地面积为 273 113 亩，主要分布于大云镇、干窑、惠民镇、魏塘镇、西塘镇和姚庄镇，土种主要有粉心青紫泥田、黄斑田、黄心青紫泥田、青紫泥田、白心青紫泥田和青墢黄斑田等。

一、立地状况

该级地力耕地的地貌类型为水网平原。成土母质为河湖相沉积物和河海相沉积物，土壤质地为黏壤土、黏土，水稻基础地力产量在 550kg/亩左右，耕层厚度在 12~20cm（表 5-13），部分地区地下水位相对偏高（表 5-14），剖面构型为 A-Ap-W-C、A-Ap-Gw-G 等为主。灌溉保证率在 95% 以上，排涝能力达到一日暴雨一日排出或一日暴雨二日排出属旱涝保收农田。

表 5-13　嘉善县二级地力耕地土壤耕层厚度分布情况　　　　（单位：cm）

乡镇名称	耕层厚度					面积（亩）	占全县二级比重（%）
	最小值	最大值	平均值	标准差	变异系数		
大云镇	13.00	15.00	14.29	0.58	0.04	13 289.7	4.9

乡镇名称	耕层厚度					面积（亩）	占全县二级比重（%）
	最小值	最大值	平均值	标准差	变异系数		
丁栅镇	14.00	15.00	14.75	0.41	0.03	1 720.6	0.6
干窑镇	13.00	16.00	14.47	0.64	0.04	37 244.5	13.6
洪溪镇	15.00	15.00	15.00	0.58	0.04	51.5	0.0
惠民镇	12.00	16.00	14.22	0.64	0.05	30 822.8	11.3
陶庄镇	13.00	13.00	13.00	—	—	327.7	0.1
魏塘镇	13.00	16.00	14.31	0.54	0.04	93 644.7	34.3
西塘镇	12.00	15.00	13.46	0.79	0.06	62 127.6	22.7
杨庙镇	14.00	14.00	14.00	—	—	2 462.0	0.9
姚庄镇	13.00	20.00	15.03	1.06	0.07	31 422.4	11.5

表5-14 嘉善县二级地力耕地地下水位分布情况　　（单位：cm）

乡镇名称	冬季地下水位					面积（亩）	占全县二级比重（%）
	最小值	最大值	平均值	标准差	变异系数		
大云镇	51.00	61.00	56.36	2.31	0.04	13 289.7	4.9
丁栅镇	19.00	37.00	32.75	4.70	0.14	1 720.6	0.6
干窑镇	22.00	46.00	34.73	4.17	0.12	37 244.5	13.6
洪溪镇	25.00	25.00	25.00	0.00	0.00	51.5	0.0
惠民镇	41.00	54.00	45.44	1.72	0.04	30 822.8	11.3
陶庄镇	16.00	16.00	16.00	—	—	327.7	0.1
魏塘镇	37.00	50.00	44.30	2.11	0.05	93 644.7	34.3
西塘镇	16.00	33.00	18.84	3.82	0.20	62 127.6	22.7
杨庙镇	21.00	35.00	29.86	5.40	0.18	2 462.0	0.9
姚庄镇	26.00	44.00	39.73	3.39	0.09	31 422.4	11.5

二、理化性状

（一）容重

二级耕地的耕层容重在 $0.95\sim1.21g/cm^3$，平均值为 $1.11g/cm^3$，标准差0.04，变异系数0.04。二级耕地的耕层土壤容重在 $1.1\sim1.3g/cm^3$，面积12 144.2亩，占二级耕地总面积的59.2%；容重在 $0.9\sim1.1g/cm^3$，面积

111 486.0 亩，占总面积的 40.8%（表 5-15）。

表 5-15　嘉善县二级地力耕地土壤容重分布情况　　（单位：g/cm³）

乡镇名称	容　重					面积（亩）	占全县二级比重（%）
	最小值	最大值	平均值	标准差	变异系数		
大云镇	1.11	1.18	1.15	0.01	0.01	13 289.7	4.9
丁栅镇	1.01	1.07	1.03	0.03	0.03	1 720.6	0.6
干窑镇	1.00	1.21	1.12	0.05	0.05	37 244.5	13.6
洪溪镇	1.13	1.13	1.13	0.01	0.01	51.5	0.0
惠民镇	1.06	1.18	1.13	0.03	0.02	30 822.8	11.3
陶庄镇	1.09	1.09	1.09	—	—	327.7	0.1
魏塘镇	1.07	1.20	1.14	0.02	0.02	93 644.7	34.3
西塘镇	0.97	1.15	1.06	0.05	0.04	62 127.6	22.7
杨庙镇	1.12	1.15	1.13	0.01	0.01	2 462.0	0.9
姚庄镇	0.95	1.12	1.06	0.03	0.03	31 422.4	11.5

（二）阳离子交换量

二级地力耕地评价单元的阳离子交换量在 16.85~25.59cmol/kg，平均为 20.37cmol/kg，标准差为 1.21，变异系数为 0.06。二级地力耕地土壤阳离子交换量分布在 15~20cmol/kg，共 100 728.3 亩，占二级耕地总面积的36.9%，大于 20cmol/kg 共 172 385.1 亩，占二级耕地总面积的 63.1%（表5-16）。全县二级地力耕地的阳离子交换量总体较高，土壤的保蓄性能较好，缓冲能力强。

表 5-16　嘉善县二级地力耕地土壤阳离子交换量分布情况

（单位：cmol/kg）

乡镇名称	阳离子交换量					面积（亩）	占全县二级比重（%）
	最小值	最大值	平均值	标准差	变异系数		
大云镇	18.45	22.44	19.79	0.98	0.05	13 289.7	4.9
丁栅镇	19.24	20.61	19.89	0.51	0.03	1 720.6	0.6
干窑镇	18.28	25.59	21.44	1.36	0.06	37 244.5	13.6
洪溪镇	20.81	20.81	20.81	0.81	0.04	51.5	0.0
惠民镇	16.96	24.01	19.71	1.17	0.06	30 822.8	11.3
陶庄镇	20.83	20.83	20.83	—	—	327.7	0.1
魏塘镇	18.01	22.76	20.24	0.84	0.04	93 644.7	34.3

— 73 —

续表

乡镇名称	阳离子交换量					面积 （亩）	占全县 二级比重 （%）
	最小值	最大值	平均值	标准差	变异系数		
西塘镇	17.62	25.52	20.42	1.22	0.06	62 127.6	22.7
杨庙镇	19.13	20.26	19.66	0.39	0.02	2 462.0	0.9
姚庄镇	16.85	24.32	20.88	1.39	0.07	31 422.4	11.5

（三）pH 值

二级地力耕地所有评价单元的 pH 值介于 5.50～7.00，平均值为 6.13，标准差 0.25，变异系数 0.04。二级地力耕地土壤 pH 值主要分布在 5.5～6.5，共 260 432.2 亩，占二级耕地总面积的 95.4%；另外 pH 值分布在 6.5～7.5，共 11 701.9 亩，占总面积的 4.3%；分布在 4.5～5.5，共 979.4 亩，占总面积的 0.4%（表 5-17）。

表 5-17　嘉善县二级地力耕地土壤 pH 值分布情况

乡镇名称	土壤 pH 值					面积 （亩）	占全县 二级比重 （%）
	最小值	最大值	平均值	标准差	变异系数		
大云镇	5.50	6.20	5.87	0.19	0.03	13 289.7	4.9
丁栅镇	5.90	6.30	6.13	0.11	0.02	1 720.6	0.6
干窑镇	5.80	6.70	6.17	0.15	0.03	37 244.5	13.6
洪溪镇	6.20	6.20	6.20	0.06	0.01	51.5	0.0
惠民镇	5.50	7.00	6.10	0.24	0.04	30 822.8	11.3
陶庄镇	6.00	6.00	6.00	—	—	327.7	0.1
魏塘镇	5.70	7.00	6.23	0.25	0.04	93 644.7	34.3
西塘镇	5.60	6.70	5.93	0.22	0.04	62 127.6	22.7
杨庙镇	5.90	6.00	5.97	0.05	0.01	2 462.0	0.9
姚庄镇	6.00	6.90	6.28	0.15	0.02	31 422.4	11.5

三、养分状况

（一）有机质

二级地力耕地各评价单元的耕层土壤有机质含量在 22.54～50.50g/kg，

平均为 36.23g/kg，标准差为 4.54，变异系数为 0.13（表5-18）。二级耕地土壤有机质主要分布在 30~40g/kg，共 177 719.7 亩，占二级耕地总面积的 65.1%；有机质>40g/kg，共 74 183.7 亩，占总面积的 27.2%；分布在 20~30g/kg，共 21 210.1 亩，占总面积的 7.8%。构成二级地力耕地各土种耕层土壤的有机质含量变化与第二次土壤普查结果相一致，土壤质地与微地形地势有关，自南至北地势逐步变低，土壤有机质含量逐渐增加；与土壤质地有关，土壤质地由轻至重，土壤有机质含量由低变高。

表5-18　嘉善县二级地力耕地土壤有机质分布情况　　（单位：g/kg）

乡镇名称	土壤有机质					面积（亩）	占全县二级比重（%）
	最小值	最大值	平均值	标准差	变异系数		
大云镇	27.77	37.60	31.01	1.73	0.06	13 289.7	4.9
丁栅镇	32.63	36.86	35.31	1.16	0.03	1 720.6	0.6
干窑镇	34.61	50.22	40.75	2.86	0.07	37 244.5	13.6
洪溪镇	40.84	40.84	40.84	0.52	0.01	51.5	0.0
惠民镇	26.88	42.80	34.07	3.82	0.11	30 822.8	11.3
陶庄镇	41.05	41.05	41.05	—	—	327.7	0.1
魏塘镇	23.07	42.87	34.21	3.78	0.11	93 644.7	34.3
西塘镇	33.75	43.98	38.77	2.70	0.07	62 127.6	22.7
杨庙镇	41.49	45.75	42.60	1.44	0.03	2 462.0	0.9
姚庄镇	22.54	50.50	38.39	4.26	0.11	31 422.4	11.5

（二）全氮

二级地力耕地各评价单元的耕层土壤全氮含量在 1.32~3.08g/kg，平均含量为 2.12g/kg，标准差为 0.24，变异系数为 0.11（表5-19）。二级耕地土壤全氮主要分布在 2.0~2.5g/kg，共 176 497.1 亩，占二级耕地总面积的 64.7%；另外分布在 1.5~2.0g/kg 的共 85 369.7 亩，占总面积的 31.3%；分布在 2.5~3.0g/kg 的共 10 282.1 亩，占总面积的 3.8%；分布>3.0g/kg 共 472.4 亩，占总面积的 0.2%。构成二级地力耕地土壤的全氮含量变化与第二次土壤普查结果相一致，地域分布趋势与有机质含量相似。

表 5-19　嘉善县二级地力耕地土壤全氮分布情况　　（单位：g/kg）

乡镇名称	土壤全氮					面积（亩）	占全县二级比重（%）
	最小值	最大值	平均值	标准差	变异系数		
大云镇	1.62	2.25	1.84	0.12	0.06	13 289.7	4.9
丁栅镇	1.91	2.18	2.06	0.07	0.04	1 720.6	0.6
干窑镇	2.00	3.08	2.35	0.18	0.08	37 244.5	13.6
洪溪镇	2.27	2.27	2.27	0.04	0.02	51.5	0.0
惠民镇	1.59	2.56	2.09	0.21	0.10	30 822.8	11.3
陶庄镇	2.19	2.19	2.19	—	—	327.7	0.1
魏塘镇	1.43	2.47	2.01	0.19	0.09	93 644.7	34.3
西塘镇	1.84	2.50	2.13	0.14	0.06	62 127.6	22.7
杨庙镇	2.35	2.58	2.43	0.08	0.03	2 462.0	0.9
姚庄镇	1.32	3.05	2.28	0.26	0.11	31 422.4	11.5

（三）有效磷

二级地力耕地各评价单元的耕层土壤有效磷含量范围在 5.97 ~ 150.19mg/kg，平均含量为 28.92mg/kg，标准差为 18.62，变异系数 0.64（表5-20）。二级耕地土壤有效磷主要分布在 20 ~ 30mg/kg，共 113 823.6亩，占二级耕地总面积的 41.7%；另外分布>40mg/kg 共 47 167.3 亩，占总面积的 17.3%；分布在 30 ~ 40mg/kg 共 39 765.1 亩，占总面积的 14.6%；分布在 15 ~ 20mg/kg 共 40 264.3 亩，占总面积的 14.7%，分布在 10~15mg/kg共 21 924.3 亩，占总面积的 8.0%。构成二级地力耕地的大部分耕层土壤有效磷平均含量高于第二次土壤普查结果，丰缺程度属高低水平。但是各乡镇之间以及乡镇内的评价单元之间含量差异相对也较大，主要原因应该与实产实践有关，施肥用量不一。

表 5-20　嘉善县二级地力耕地土壤有效磷分布情况　　（单位：mg/kg）

乡镇名称	土壤有效磷					面积（亩）	占全县二级比重（%）
	最小值	最大值	平均值	标准差	变异系数		
大云镇	17.10	94.31	43.74	20.15	0.46	13 289.7	4.9
丁栅镇	19.08	27.40	21.82	2.42	0.11	1 720.6	0.6
干窑镇	5.97	52.43	19.11	7.41	0.39	37 244.5	13.6
洪溪镇	13.36	13.36	13.36	4.79	0.36	51.5	0.0

乡镇名称	土壤有效磷					面积（亩）	占全县二级比重（%）
	最小值	最大值	平均值	标准差	变异系数		
惠民镇	6.71	45.09	27.83	6.92	0.25	30 822.8	11.3
陶庄镇	13.61	13.61	13.61	——	——	327.7	0.1
魏塘镇	7.24	142.89	30.32	27.17	0.90	93 644.7	34.3
西塘镇	6.41	150.19	22.84	20.75	0.91	62 127.6	22.7
杨庙镇	11.33	21.90	18.23	3.61	0.20	2 462.0	0.9
姚庄镇	12.65	99.10	40.38	17.59	0.44	31 422.4	11.5

（四）速效钾

二级地力耕地各评价单元耕层土壤的速效钾范围在 92.00~363.00mg/kg，平均含量为 132.58mg/kg，标准差为 32.85，变异系数 0.25（表5-21）。二级耕地土壤速效钾主要分布在 100~150mg/kg，共 247 662.1 亩，占二级耕地总面积的 90.7%；另外含量>150mg/kg 的共 24 303.9 亩，占总面积的 8.9%；分布在 80~100mg/kg 的共 1 147.4 亩，占总面积的 0.4%。二级耕地土壤速效钾的丰缺程度较高，但部分评价单元速效钾含量差异较大，这主要是由于少数蔬菜地土壤速效钾含量特别高导致的。

表5-21　嘉善县二级地力耕地土壤速效钾分布情况　（单位：mg/kg）

乡镇名称	土壤速效钾					面积（亩）	占全县二级比重（%）
	最小值	最大值	平均值	标准差	变异系数		
大云镇	106.00	207.00	142.37	29.17	0.20	13 289.7	4.9
丁栅镇	110.00	128.00	117.00	8.18	0.07	1 720.6	0.6
干窑镇	106.00	169.00	127.64	10.80	0.08	37 244.5	13.6
洪溪镇	121.00	121.00	121.00	2.89	0.02	51.5	0.0
惠民镇	101.00	207.00	132.58	16.90	0.13	30 822.8	11.3
陶庄镇	136.00	136.00	136.00	——	——	327.7	0.1
魏塘镇	92.00	363.00	136.93	54.67	0.40	93 644.7	34.3
西塘镇	100.00	252.00	124.43	20.14	0.16	62 127.6	22.7
杨庙镇	127.00	152.00	133.14	8.49	0.06	2 462.0	0.9
姚庄镇	99.00	169.00	134.83	16.81	0.12	31 422.4	11.5

第五章　耕地地力

四、生产性能及管理建议

该级地力耕地生产潜力综合生产能力较高，生产上以水旱轮作二熟为主。从调查结果看，土壤有机质、阳离子交换量、速效磷、速效钾含量指标值均较高，土壤保肥供肥能力较好，适耕性好，农田基本设施完好，因此，该级地力耕地仍有旱涝保丰收能力，也属于高产稳产耕地。对少部分土壤有机质偏低的情况，要增施有机肥，优化种植结构。由于微地形地势较低或耕作方式不当，造成障碍层次出现部位较高，影响作物生长发育的，要提倡干耕、免耕、冬季晒垡；做好田间开沟排水工作，减少渍害，改善土壤理化性状；提倡增施有机肥，优化施肥结构，推广平衡施肥技术等综合措施来提高耕地地力。

第四节　三级地力耕地

嘉善县三级地力耕地面积为 172 501 亩，占全县总耕地面积的 37.7%。构成三级地力耕地的土种有白心青紫泥田、烂青紫泥田和泥炭心青紫泥田，主要分布于丁栅镇、陶庄镇、天凝镇和杨庙镇等。

一、立地状况

地貌类型为水网平原，地势较低，成土母质为湖沼相沉积物，土壤质地为黏壤土、黏土。耕层厚度 14~18cm（表 5-22），剖面构型 A-A$_P$-G$_w$-G、A-P-G，灌溉保证率为 90%，排涝能力为一日暴雨三日排出，基础地力 400~450kg/亩。嘉善县三级地力耕地的冬季地下水位相对较高，15~34cm（表 5-23）。

表 5-22　嘉善县三级地力耕地土壤耕层厚度分布情况　　　（单位：cm）

乡镇名称	耕层厚度					面积（亩）	占全县三级比重（%）
	最小值	最大值	平均值	标准差	变异系数		
丁栅镇	12.00	16.00	14.06	0.62	0.04	32 247.2	18.7
干窑镇	14.00	14.00	14.00	—	—	26.9	0.0
洪溪镇	13.00	15.00	14.42	0.60	0.04	27 315.3	15.8
陶庄镇	13.00	16.00	14.71	0.73	0.05	40 234.9	23.3

乡镇名称	耕层厚度					面积（亩）	占全县三级比重（%）
	最小值	最大值	平均值	标准差	变异系数		
天凝镇	13.00	18.00	14.63	0.83	0.06	21 361.5	12.4
西塘镇	12.00	15.00	12.28	0.69	0.06	22 308.0	12.9
杨庙镇	13.00	15.00	14.17	0.50	0.04	29 006.7	16.8

表 5-23　嘉善县三级地力耕地地下水位分布情况　（单位：cm）

乡镇名称	冬季地下水位					面积（亩）	占全县三级比重（%）
	最小值	最大值	平均值	标准差	变异系数		
丁栅镇	15.00	32.00	20.54	3.75	0.18	32 247.2	18.7
干窑镇	21.00	21.00	21.00	—	—	26.9	0.0
洪溪镇	16.00	23.00	18.01	1.35	0.08	27 315.3	15.8
陶庄镇	16.00	27.00	18.79	2.81	0.15	40 234.9	23.3
天凝镇	16.00	19.00	17.39	0.66	0.04	21 361.5	12.4
西塘镇	15.00	19.00	17.09	0.62	0.04	22 308.0	12.9
杨庙镇	16.00	34.00	21.43	5.49	0.26	29 006.7	16.8

二、理化性状

（一）容重

三级耕地的耕层容重在 $0.95 \sim 1.19 g/cm^3$，平均值为 $1.04 g/cm^3$，标准差 0.06，变异系数 0.06。三级耕地的耕层土壤容重在 $0.9 \sim 1.1 g/cm^3$，面积 116 282.3 亩，占三级耕地总面积的 67.4%；容重在 $1.1 \sim 1.13 g/cm^3$，面积 56 218.2 亩，占总面积的 32.6%（表 5-24）。

表 5-24　嘉善县三级地力耕地土壤容重分布情况　（单位：g/cm^3）

乡镇名称	容重					面积（亩）	占全县三级比重（%）
	最小值	最大值	平均值	标准差	变异系数		
丁栅镇	0.95	1.06	0.98	0.02	0.02	32 247.2	18.7
干窑镇	1.14	1.14	1.14	—	—	26.9	0.0
洪溪镇	1.01	1.18	1.12	0.03	0.03	27 315.3	15.8
陶庄镇	0.95	1.11	1.03	0.04	0.04	40 234.9	23.3

续表

乡镇名称	容 重					面积（亩）	占全县三级比重（%）
	最小值	最大值	平均值	标准差	变异系数		
天凝镇	1.02	1.14	1.06	0.03	0.03	21 361.5	12.4
西塘镇	0.95	1.14	1.04	0.05	0.05	22 308.0	12.9
杨庙镇	1.07	1.19	1.14	0.02	0.02	29 006.7	16.8

（二）阳离子交换量

三级地力耕地评价单元的阳离子交换量在 16.59~25.73cmol/kg，平均为 20.46cmol/kg，标准差为 1.48，变异系数为 0.07。三级地力耕地土壤阳离子交换量分布在 15~20cmol/kg，共 55 831.5 亩，占三级耕地总面积的 32.4%，大于 20cmol/kg 共 116 669.1 亩，占三级耕地总面积的 67.6%（表 5-25）。全县三级地力耕地的阳离子交换量总体较高，土壤的保蓄性能较好，缓冲能力强。

表 5-25　嘉善县三级地力耕地土壤阳离子交换量分布情况

（单位：cmol/kg）

乡镇名称	阳离子交换量					面积（亩）	占全县三级比重（%）
	最小值	最大值	平均值	标准差	变异系数		
丁栅镇	16.87	22.64	19.97	1.11	0.06	32 247.2	18.7
干窑镇	22.01	22.01	22.01	—	—	26.9	0.0
洪溪镇	18.73	25.31	21.20	1.46	0.07	27 315.3	15.8
陶庄镇	17.10	22.77	19.92	1.29	0.06	40 234.9	23.3
天凝镇	18.55	25.73	22.64	1.80	0.08	21 361.5	12.4
西塘镇	16.59	23.81	20.21	1.32	0.07	22 308.0	12.9
杨庙镇	18.85	22.34	20.63	0.81	0.04	29 006.7	16.8

（三）pH 值

三级地力耕地所有评价单元的 pH 值介于 5.20~6.70，平均值为 5.93，标准差 0.25，变异系数 0.04。三级地力耕地土壤 pH 值主要分布在 5.5~6.5，共 165 339.5 亩，占三级耕地总面积的 95.8%；另外 pH 值分布在 6.5~7.5，共 640.5 亩，占总面积的 0.4%；分布在 4.5~5.5，共 6 520.7 亩，占总面积的 3.8%（表 5-26），属微酸性土壤。

表 5-26　嘉善县三级地力耕地土壤 pH 值分布情况

乡镇名称	土壤 pH 值					面积（亩）	占全县三级比重（%）
	最小值	最大值	平均值	标准差	变异系数		
丁栅镇	5.40	6.50	5.80	0.20	0.03	32 247.2	18.7
干窑镇	6.20	6.20	6.20	—	—	26.9	0.0
洪溪镇	5.60	6.30	6.05	0.15	0.02	27 315.3	15.8
陶庄镇	5.60	6.60	6.01	0.22	0.04	40 234.9	23.3
天凝镇	5.70	6.50	6.07	0.17	0.03	21 361.5	12.4
西塘镇	5.20	6.40	5.76	0.28	0.05	22 308.0	12.9
杨庙镇	5.70	6.70	6.10	0.17	0.03	29 006.7	16.8

三、养分状况

（一）有机质

三级地力耕地各评价单元的耕层土壤有机质含量在 28.78~53.29g/kg，平均为 37.82g/kg，标准差 3.94，变异系数为 0.10（表 5-27）。三级耕地土壤有机质主要分布在 30~40g/kg，共 108 201.6 亩，占三级耕地总面积的 62.7%；有机质>40g/kg，共 64 078.2 亩，占总面积的 37.1%；分布在 20~30g/kg，共 220.7 亩，占总面积的 0.1%。三级耕地土壤有机质较高，但由于土壤滞水性强，影响有机质矿化。

表 5-27　嘉善县三级地力耕地土壤有机质分布情况　　（单位：g/kg）

乡镇名称	土壤有机质					面积（亩）	占全县三级比重（%）
	最小值	最大值	平均值	标准差	变异系数		
丁栅镇	28.89	46.80	34.50	2.56	0.07	32 247.2	18.7
干窑镇	37.86	37.86	37.86	—	—	26.9	0.0
洪溪镇	31.49	43.89	39.33	2.12	0.05	27 315.3	15.8
陶庄镇	32.52	44.98	37.50	2.09	0.06	40 234.9	23.3
天凝镇	36.14	50.78	41.36	2.86	0.07	21 361.5	12.4
西塘镇	28.78	43.66	38.01	2.48	0.07	22 308.0	12.9
杨庙镇	34.61	53.29	44.41	4.14	0.09	29 006.7	16.8

（二）全氮

三级地力耕地各评价单元的耕层土壤全氮含量在 1.61~3.19g/kg，

平均含量为 2.12g/kg，标准差为 0.21，变异系数为 0.10（表 5-28）。三级耕地土壤全氮主要分布在 2.0~2.5g/kg，共 107 542.3 亩，占三级耕地总面积的 62.3%；另外分布在 1.5~2.0g/kg 的共 41 602.4 亩，占总面积的 24.1%；分布在 2.5~3.0g/kg 的共 22 839.3 亩，占总面积的 13.2%；分布>3.0g/kg 共 516.5 亩，占总面积的 0.3%。构成三级地力耕地各耕层土壤的全氮含量变化与第二次土壤普查结果相一致，地域分布趋势与有机质含量相似。

表 5-28　嘉善县三级地力耕地土壤全氮分布情况　　（单位：g/kg）

乡镇名称	土壤全氮					面积（亩）	占全县三级比重（%）
	最小值	最大值	平均值	标准差	变异系数		
丁栅镇	1.66	2.44	2.00	0.12	0.06	32 247.2	18.7
干窑镇	2.15	2.15	2.15	—	—	26.9	0.0
洪溪镇	1.66	2.48	2.15	0.14	0.07	27 315.3	15.8
陶庄镇	1.76	2.41	2.06	0.12	0.06	40 234.9	23.3
天凝镇	1.95	2.78	2.21	0.12	0.06	21 361.5	12.4
西塘镇	1.61	2.35	2.09	0.13	0.06	22 308.0	12.9
杨庙镇	2.17	3.19	2.61	0.22	0.08	29 006.7	16.8

（三）有效磷

三级地力耕地各评价单元的耕层土壤有效磷含量范围在 2.12~173.35mg/kg，平均含量为 20.13mg/kg，标准差为 15.10，变异系数 0.75（表 5-29）。三级耕地土壤有效磷主要分布在 10~15mg/kg，共 49 706.3 亩，占三级耕地总面积的 28.8%；另外分布>40mg/kg 共 12 830.1 亩，占总面积的 7.4%；分布在 30~40mg/kg 共 12 027.6 亩，占总面积的 7.0%；分布在 20~30mg/kg 共 27 751.2 亩，占总面积的 16.1%；分布在 15~20mg/kg 共 26 684.9 亩，占总面积的 15.5%；分布在 5~10mg/kg 共 40 830.1 亩，占总面积的 23.7%；分布在 ≤5mg/kg 共 2 670.5 亩，占总面积的 1.5%，构成三级地力耕地的耕层土壤有效磷平均含量与二级相比较低，丰缺程度属中等。各乡镇之间以及乡镇内的评价单元之间的含量差异相对也较大，主要原因应该与实产实践有关，施肥用量不一。一大部分田块种植模式为单季晚稻，磷肥施用量少导致土壤有效磷含量降低。

表 5-29 嘉善县三级地力耕地土壤有效磷分布情况　（单位：mg/kg）

乡镇名称	土壤有效磷					面积（亩）	占全县三级比重（%）
	最小值	最大值	平均值	标准差	变异系数		
丁栅镇	8.56	173.35	28.12	17.97	0.64	32 247.2	18.7
干窑镇	11.70	11.70	11.70	—	—	26.9	0.0
洪溪镇	8.73	30.51	14.41	5.31	0.37	27 315.3	15.8
陶庄镇	2.12	27.57	9.91	4.45	0.45	40 234.9	23.3
天凝镇	7.84	28.56	13.24	3.94	0.30	21 361.5	12.4
西塘镇	7.91	60.92	25.17	12.78	0.51	22 308.0	12.9
杨庙镇	7.81	80.45	27.40	15.48	0.57	29 006.7	16.8

（四）速效钾

三级地力耕地各评价单元耕层土壤的速效钾范围在 59~249mg/kg，平均含量为 121.47mg/kg，标准差为 18.96，变异系数 0.16（表 5-30）。三级耕地土壤速效钾主要分布在 100~150mg/kg，共 148 322.5 亩，占三级耕地总面积的 86.0%；另外含量 >150mg/kg 的共 13 218.9 亩，占总面积的7.7%；分布在 80~100mg/kg 的共 10 475.6 亩，占总面积的 6.1%；分布在50~80mg/kg 的共 483.5 亩，占总面积的 0.3%。三级耕地土壤速效钾的丰缺程度较高，但部分评价单元速效钾含量差异较大，这主要是由于少数蔬菜地土壤速效钾含量特别高导致的。

表 5-30　嘉善县三级地力耕地土壤速效钾分布情况　（单位：mg/kg）

乡镇名称	土壤速效钾					面积（亩）	占全县三级比重（%）
	最小值	最大值	平均值	标准差	变异系数		
丁栅镇	59.00	249.00	119.71	23.71	0.20	32 247.2	18.7
干窑镇	123.00	123.00	123.00	—	—	26.9	0.0
洪溪镇	99.00	162.00	118.49	10.05	0.08	27 315.3	15.8
陶庄镇	66.00	211.00	118.79	20.86	0.18	40 234.9	23.3
天凝镇	95.00	155.00	120.82	12.46	0.10	21 361.5	12.4
西塘镇	101.00	174.00	124.70	10.97	0.09	22 308.0	12.9
杨庙镇	112.00	168.00	135.64	11.75	0.09	29 006.7	16.8

四、生产性能及管理建议

　　该级耕地土壤有机质、速效钾、有效磷含量较高，保蓄性能好。这类土壤分布于嘉善县北部丁栅、陶庄等镇，地势低洼，地下水位高；质地偏黏重，土体排水性能较差；土壤通透性差，土温低；有机质易积累，释放慢。在生产上要注意开沟排水，实行水旱轮作，降低地下水位，减少土壤渍水时间，消除渍害，强化土壤耕作，大力提倡增施有机肥，优化用肥结构，推广测土配方施肥技术等先进实用技术提高三级耕地地力水平，不断提高该级耕地粮食综合生产能力，达到稳产高产。

第六章

第一节　耕地地力建设与土壤改良
利用对策建议

通过这次调查发现，嘉善县的耕地现状、肥力水平以及农业生产利用方式，与 1984 年结束的第二次土壤普查相比较，已发生了很大的变化。近些年来，全县的耕地数量呈逐年下降之势，由 1984 年的 52.77 万亩，下降至 2008 年末的 45.52 万亩，减少 7.25 万亩，降幅为 13.74%。土地肥力水平随着农业生产的发展也在发生深刻的变化，许多农田由于长期培肥和大量施用化肥，土壤营养元素丰缺扩大，特别是一些设施栽培老区，由于多年连作带来的土壤酸化、富集化、盐渍化，缺素症等已成为新的障碍因子。在土壤利用方式上也由 20 世纪七八十年代单一的麦—稻—稻、油—稻—稻、肥—稻—稻等传统的三熟制演变成大小麦—单季稻、大棚蔬菜（瓜果）—稻、大棚菜—菜（瓜）、菜—菜—稻等多茬复种多元的耕作制度。全县各镇、村随着农田基本设施的改善，效益农业的发展，已形成了果蔬、花卉苗木、稻田养殖、稻鸭共育、黑麦草养鹅等种养结合型的种植模式。

因此，嘉善县的耕地地力建设与土壤改良利用应根据各地的土壤类型、肥力水平、限制因素和当地实际为依据，科学合理地提出不同土区的改良利用措施，以全面指导农业生产，促进农业可持续发展。

一、土壤主要养分丰缺及 pH 值状况

土壤含有的有机质、氮、磷、钾元素及其他一些营养元素，是作物营养的主要来源，土壤养分丰富，水、气、热协调，就可为作物提供良好的生活

环境和充足的营养元素，提高作物产量，见下表。

（一）有机质丰缺状况

根据全县耕地地力评价土壤样本的分析测定，有机质平均含量为 35.30g/kg，对照《标准农田地力调查指标体系》的有机质评价一项中生产能力分值为 0.9，处于中等偏上水平，表明目前嘉善县多数耕地土壤有机质含量比较丰富。各土种耕层土壤有机质含量差异较小，其中，青紫头小粉田土壤有机质含量最高，平均为 41.34g/kg；泥汀黄斑田土壤有机质含量最低，平均为 28.14g/kg。

表 嘉善县各土种土壤养分平均含量统计表

土　种	有机质 （g/kg）	全　氮 （g/kg）	有效磷 （mg/kg）	速效钾 （mg/kg）	pH 值
白心青紫泥田	39.90	2.21	22.58	126.65	6.16
潮泥土	35.58	2.08	29.70	129.30	6.07
粉心青紫泥田	39.79	2.25	23.39	132.80	6.12
黄斑青紫泥田	35.66	2.03	24.44	118.56	5.84
黄斑田	36.38	2.12	26.98	133.06	6.15
黄心青紫泥田	35.76	2.10	29.79	134.63	6.07
烂青紫泥田	37.29	2.03	20.48	117.25	5.75
泥炭心青紫泥田	37.81	1.99	9.65	134.67	6.13
泥汀黄斑田	28.14	1.73	88.59	194.00	5.70
青塥黄斑田	37.32	2.16	26.36	134.86	6.10
青紫泥田	37.01	2.13	26.58	131.08	6.08
青紫头小粉田	41.34	2.31	17.62	126.61	6.05
壤质堆叠土	38.02	2.18	22.20	127.81	6.23

（二）全氮丰缺状况

根据全县耕地地力评价土壤样本的分析测定，全氮平均含量为 2.07g/kg，处于高等偏下水平，表明目前嘉善县多数耕地土壤全氮含量较高。各土种耕层土壤全氮含量差异较小，其中，青紫头小粉田土壤全氮含量最高，平均为 2.31g/kg；泥汀黄斑田土壤全氮含量最低，平均为 1.73g/kg。

（三）有效磷丰缺状况

根据全县耕地地力评价土壤样本的分析测定，有效磷平均含量为 29.49g/kg，对照《标准农田地力调查指标体系》的有效磷评价一项中生产能力分值为 0.9，处于高等偏下水平，结合各种作物对磷肥的实际需求和地区分布特点，表明目前嘉善县耕地土壤有效磷含量不均。各土种耕层土壤有效磷含量差异大，其中，微酸性泥汀黄斑田土壤有效磷含量最高，平均为88.59mg/kg；泥炭心青紫泥田土壤有效磷含量最低，平均为 9.65mg/kg。

（四）速效钾丰缺状况

根据全县耕地地力评价土壤样本的分析测定，速效钾平均含量为132.53mg/kg，对照《标准农田地力调查指标体系》的速效钾评价一项中生产能力分值为 0.9，处于中等偏上水平，表明目前嘉善县多数耕地土壤速效钾含量较高。各土种耕层土壤速效钾含量差异较大，其中，微酸性泥汀黄斑田土壤速效钾含量最高，平均为 194.00mg/kg；烂青紫泥田土壤速效钾含量最低，平均为 117.25g/kg。

（五）pH 值状况

根据全县耕地地力评价土壤样本的分析测定，pH 值最低的为 5.10，平均值为 6.05，对照《标准农田地力调查指标体系》的 pH 值评价一项中生产能力分值为 0.8，属于微酸性土壤，各土种耕层土壤 pH 值有一定差异，其中，壤质堆叠土土壤 pH 值最高，平均为 6.23；泥汀黄斑田土壤 pH 值最低，平均为 5.70。

二、耕地地力建设的对策与建议

（一）继续加强水利与基本农田建设，提高农田综合生产能力

水利工程建设是耕地地力建设的基本保障，要立足于防大汛、防长汛。全面加强标准圩区建设，完善农田水利设施，建设防汛决策指挥系统，水情自动测报系统及防汛地理信息系统，逐步推进"数字防汛工程"，提高嘉善县耕地抗灾减灾能力。与此同时，加强基本农田建设是耕地地力建设的基础，它包括土地平整、排灌基础设施、农田道路、农田林带林网等方面的建设。目前应对嘉善县的基本农田建设进行分类实施，对已建成的标准农田，继续完善沟、渠、路的配套，完善灌溉系统，配套机械设备，切实抓好地力改善；对正在建设的标准农田，要同步兼顾土地平整质量，实行地力分等分类管护；对现代农业园区，要根据产业发展要求提高建设标准，大力发展大棚设施、滴灌喷灌设施，切实改善农业生产条件。

（二）继续实施"沃土工程"，坚持用地与养地结合

坚持用地与养地相结合是维持和提高地力水平的基本准则。政府通过宏

观调控和指导，鼓励广辟有机肥源，多施有机肥，加强新型有机肥应用的研究与开发。综合利用畜禽粪便，形成生物有机肥资源化利用，工厂化生产，商品化使用的局面。进一步扩大农作物秸秆还田面积，在休闲季节多种绿肥与豆科作物，积极探索无公害农产品生产的施肥技术措施。

（三）控制化肥农药的投入量，切实保护农田生态环境

加强农田生态环境的保护，最重要是进一步控制化肥农药等的投入使用量。嘉善县的氮、磷单质化肥使用量应控制在每年平均下降3%以上，农药使用量应控制在每年减少5%以上。大力推广使用商品有机肥料和高效、低毒、低残留的农药，在瓜果、蔬菜等优势农产品上推广使用微生物专用肥、商品有机肥，着力提高化肥利用率，培育健康、清洁的土壤，坚持走土壤可持续循环利用之路。

（四）合理调整农业生产结构，大力发挥产业优势

科学合理地调整农业产业结构，实行自然和人工养地相结合，培肥地力，提高耕地综合生产能力，充分利用嘉善县土壤宜种性广和农民精耕细作的优势，朝着餐桌经济、外向型农业、生态旅游休闲农业的方向加快发展，依托大上海，进一步优化农业生产结构。

三、土壤改良利用的对策与建议

为便于对不同区域提出针对性的改良利用措施，根据嘉善县的地形地貌、土壤类型、肥力水平、生产限制因素，农业利用方式的相对一致性，同时兼顾行政区界的基本完整性，将全县土壤改良利用划分为3个区，对各区的改良利用提出如下对策和建议。

（一）南部碟缘高圩区的改良利用

本区位于县境南部，主要包括魏塘、大云、惠民3个镇。约占全县耕地面积的32.7%，均属于一等田，嘉善县一级田块都处在这个区域。土种以黄斑田，青紫泥田为主，在地势较高的围头田，有青紫头小粉田分布。沿河两岸零星分布着堆叠土。

农业利用方式主要是以设施栽培菜瓜、林果花卉为主。本区的土壤主要问题：长期来是大灌区，高渠道、排渠较少，易造成土壤的上层滞水，次生潜育渍害较为严重。土壤有机质，速效钾含量中等偏下。在设施栽培老区出现一定程度酸化、盐渍化。针对本区土壤存在的问题，提出改良利用措施。

1. 千方百计增施有机肥料，培肥改良

重点推行人畜粪便制有机肥还田，适当扩大绿肥与豆科作物面积，提倡秸秆、豆秆还田，大力发展高效生态农业。通过多途径努力，确保每季作物有机肥使用量达到 500kg/亩以上，新建标准农田还要提高有机肥使用量。

2. 推广测土配方施肥技术，优化施肥结构

大力推广测土配方施肥和平衡施肥技术，合理配施碱性肥（钙镁磷肥）、钾肥和增施硼、钼等微量元素肥料。

3. 推广水旱轮作

冬前干耕晒垡，改善土壤物理性状，进一步降低酸化与消除土壤障碍因子的影响。

（二）中部青紫泥田，黄斑田土区的改良利用

本区分布范围广，面积大，包括姚庄镇、干窑镇以及杨庙、洪溪、陶庄、西塘等镇的大部分行政村，以一等二级田为主，部分二等三级田为辅。该地区土壤肥力和生产水平较高，是嘉善县粮油、食用菌、黄桃、畜禽、淡水养殖的综合生产区。土壤以青紫泥田、黄斑田土属为主。存在的主要问题是：地势较南区偏低，土质较黏，土体排水困难，养分分解慢，土壤通透性差，难耕难耙；干窑镇、西塘镇的下甸庙片由于长期挑土制坯改变了微地形地貌，刮去一层肥沃的表土，造成田脚变瘦，红旗塘两岸土体淋溶漂洗作用较强，土壤有机质、磷钾含量较低。针对该区土壤中存在的问题，提出改良措施。

1. 着力完善水利设施建设

加强田间"三沟"配套，降低地下水位，根治水害，加快内排水能力，创造水、气协调的环境条件。

2. 增施有机肥，平衡磷钾肥

青紫泥田土质黏重，结构不良，应大力推广增施有机肥料和开展多种形式的秸秆还田技术，适当控制氮肥施用量，增施磷、钾肥，多种绿肥，实现平衡配套施肥，提高施肥效益。特别是以前用于取土制坯的田块应增加每年有机肥的投入，提倡冬前翻耕晒垡，改良土壤结构。

3. 利用冬闲田农牧结合

推广冬春季种草养鹅养鸭，既扩大农田复种指数，牧草肥田，又实现种养结合，增加经济效益。

（三）北部青紫泥田土区的改良利用

本区位于县域北部，包括天凝镇、丁栅镇以及陶庄的西北片村庄，主要

— 89 —

是二等三级田。土壤以青紫泥田、烂青紫泥田等为主。本区土壤的主要问题是：属于嘉善县的低洼地区，极易受洪涝渍害的影响，西北片土壤因排水不良，沉积土粒较细，通透性差，内部积水，呈还原态；北片呈岛状微地形地貌，易受流水冲刷，土壤流失严重，极易缺磷少钾。针对该区土壤中存在的问题，提出改良措施。

1. 固圩防洪，消除渍害

加大对圩区建设投入力度，建成五十年一遇的标准圩堤，建立灌排降配套的田间工程，根除水害。

2. 控氮增钾增有机肥

采取逐步深耕配施有机肥，改善其淀浆板结的不良性状，适度控制氮肥用量，增加磷钾肥。在滞水土壤增施磷钾肥有明显的增产效果。

3. 搞好围垦荡田的建设

合理利用低洼地种植茭白、菱角、莲藕等水生植物；充分利用水面，大力发展水产养殖。

第二节　耕地资源合理配置与种植业结构调整对策与建议

耕地资源是土地资源中的一个重要组成部分，它的开发利用既受自然环境条件的制约，也受经济社会发展水平，农业生产技术水平的影响，合理配置耕地资源是一个难度较大而且比较复杂的问题，是一个地区一定时期农业生产发展水平的反映。根据嘉善县耕地资源的特点，考虑到自然条件的类似性，农业发展方向的一致性，以及保持行政区域的完整性和科学合理配置资源和调整农业产业结构。现就嘉善县根据不同种植业区域化配置，提出以下对策和建议。

一、粮食生产功能区建设

为了认真贯彻落实粮食安全行政首长负责制，切实增强粮食综合生产能力，推进粮食生产机械化、现代化进程，促进经济社会发展，根据国务院办公厅《关于印发全国新增 1 000 亿斤*粮食生产能力规划（2009—2020 年）的通知》《浙江省人民政府办公厅关于加强粮食生产功能区建设与保护意

---

* 1 斤=0.5kg，全书同

见》（浙政办发〔2010〕7号）和中共嘉兴市委、嘉兴市人民政府《关于实施"五个一百"示范工程，加快推进全市现代农业发展的意见》（嘉委〔2010〕13号）等文件要求，保护和利用好有限的耕地资源，充分发挥区域优势，稳定粮食生产、提高种粮效益，特制定《嘉善县粮食生产功能区建设规划（2010—2018年）》。使粮食生产相对集中到生产条件最优越、产业分布最合理的地区，最大程度利用好土壤、水源、交通、能源和劳力等资源，并依靠现代科学技术，降低生产成本，巩固防御自然灾害的能力，达到稳产、高产、优质、安全和可持续发展的目的。稳步推进粮食生产功能区建设有利于全县农业结构再调整和战略性资源再分配，形成区域化布局、标准化生产、产业化开发的粮食产业格局，全面提升本县粮食综合生产能力。

通过规划保证种粮的面积和质量，有利于达到稳定粮食市场供给，确保粮食安全；有利于加强农田基础建设，增加农业投入，建立长效管理机制；有利于提高耕地的抗灾能力和应对特大自然灾害能力；有利于推进粮食开展"五统一"服务（统一品种，统一施肥，统一植保，统一灌溉，统一机收），推进集约经营，降低成本，提高效益；有利于推进农业科技进步，提高粮食单产，增加农民收入，促进粮食生产可持续发展。粮食生产功能区建设是实现稳定粮食生产，保障粮食安全的战略选择。

嘉善县2010—2018年粮食生产功能区建设选择在已建的标准农田覆盖区内，涉及大云、西塘、干窑、姚庄、陶庄、天凝6个镇和魏塘、惠民、罗星3个街道办事处，104个行政村，从2010年起，嘉善县争取用5~10年时间，到2014年全县建成10.21万亩粮食生产功能区，其中，17个连片千亩以上粮食生产功能示范区；到2018年最终建成18.19万亩的粮食生产功能区，力争到2020年粮食增产达到0.19亿斤。将粮食生产功能区真正建设成为旱涝保收的稳产区、解决抛荒的带动区、先进科技的应用区、统一服务的先行区、高产高效的示范区，为争取实现粮食生产功能区覆盖全县所有种粮土地夯实基础。

在资金上，积极争取省、市、县各级粮食生产功能区补助资金，用于粮食生产功能区的基础设施、农田质量提升、三新技术推广和粮食生产社会化服务建设。按照"政府主导、分镇实现，地方为主、向上争取"相结合的方式和"目标统一、渠道不变、有效整合、管理有序"的要求，粮食生产功能区建设应设立专项建设资金，切实加大对粮食生产功能区建设的投入力度，建立多元化的投资体系，引导工商资本，生产经营主体资金投入粮食生产功能区建设，确保建设任务如期完成。同时引导农田水利、中央新增

1 000 亿斤粮食生产能力建设、国家良种、农机购置补贴、省级"三新"技术配套推广、农业综合开发、标准农田地力提升等项目在粮食生产功能区实施，形成多渠道、多元化的资金投入机制。粮食生产功能区内农户优先享受良种、农机补贴等扶持政策。

通过粮食生产功能区建设，粮食生产功能区内沟、渠、路水利基础设施相互配套，粮食综合生产能力将得到显著提高，机械化程度得到明显改善。通过农田质量提升工程实现农村经济和生态环境良性循环发展。

二、西塘—姚庄：北部现代农业综合区

涉及姚庄镇的北港村、丁栅村、沉香村、金星村、中联村、北鹤村、横港村、俞汇村、银水庙村、渔民村和界泾港村 11 个村以及西塘镇的钟葫村、荻沼村、茜墩村和鸦鹊村 4 个村，共 15 个行政村，占地 5.69 万亩。规划基准年为 2009 年，规划期为 2010—2012 年。

规划以高效、生态、集约、生态为目标，以富民强农为基本宗旨，以建设现代精品农业为抓手，依靠科技进步，紧紧围绕优质粮油、特色蔬菜、精品水果、特种水产、食用菌、休闲观光等主导特色产业，按照"一村一业、一村一品、一村一景"的建设要求，进一步打响嘉善品牌农业名片，积极拓展农业的生产、生态、文化和社会功能，不断提升综合区现代农业发展水平和综合竞争力。整个综合区划分为粮经轮作示范区、设施蔬菜瓜果示范区、水产示范区 3 个主导产业示范区和黄桃精品园、番茄精品园、百果岛生态农业精品园、食用菌精品园和水产精品园 5 个特色农业精品园。

预计建成后综合区年均总收入约 65 910 万元，扣除物化成本，年均净效益约 26 350 万元。通过园区的示范带动，构筑形成基础设施完善、功能布局合理、产品结构优化、科技应用先进、经济效益显著、示范和辐射带动作用明显的集生产示范、科技推广、休闲观光为一体，国内先进、具有浙北平原特色的、有较强市场竞争力的省级现代农业综合区。

三、惠民——大云：南部现代农业综合区

涉及大云镇缪家、曹家、东云、江家村，惠民街道新润、大泖、大通、惠通村，共 8 个行政村，规划面积 53 200 亩，其中，农用地面积 46 061 亩。规划基准年为 2009 年，规划期为 2011—2013 年。

规划以市场为导向、科技为动力、效益为中心，发展现代精品农业为目标，大力发展蔬菜瓜果、花卉、水果（蜜梨）、生猪等主导产业和特色产

品，着力培育块状农业经济区，积极拓展农业的生产、生态、文化和社会功能，展示综合区建设的综合效应。整个综合区划分为蔬菜主导产业示范区、花卉主导产业示范区、水果（蜜梨）主导产业示范区、碧云花园精品园、畜牧精品园、有机肥加工厂。

项目实施后，预计综合区年均总收入约 59 600 万元，扣除物化成本，年均净效益约 23 230 万元；与建设前相比，综合区土地亩均产出率从 8 315 元提高到 12 939 元，年新增产值 21 300 万元，新增农业生产能力 7 065 万 kg，新增设施农业生产能力 2 000 万 kg。通过园区建设将有力的促进农业结构优化，提高农业生产能力，提升农业组织化水平，有效促进社会就业和农民增收，农业生产实现资源化、无害化、综合利用，促进农业的可持续发展。

第三节　作物平衡施肥与无公害农产品基地建设对策与建议

一、全县耕地土壤养分与农民施肥状况

（一）耕地土壤养分状况

根据全县 749 个耕地地力评价土壤样本的分析测定，有机质含量为 35.30g/kg，全氮含量 2.07g/kg，有效磷 29.49mg/kg，速效钾 132.53mg/kg。与 1984 年第二次土壤普查测定数据比较，土壤有机质、全氮、有效磷、速效钾分别增加了 0.86%、0.49%、288.03%、33.87%。综合分析，嘉善县土壤养分状况是：总体上有机质、全氮含量较丰富，钾素中等偏上，磷素中等，土壤出现一定程度的酸化。在不同农业种植方式上，水田土壤的有机质，氮素较丰富，钾素微丰，磷素偏低；蔬菜地土壤有机质含量偏低，氮素较多，磷、钾中等，土壤出现酸化；园地土壤有机质较缺乏，全氮不足，磷钾素微丰。

（二）农民施肥状况和存在的问题

农民施用肥料主要为两大类：一是有机肥，包括绿肥、牲畜栏肥、人粪尿、草木灰和焦泥灰等农家肥；二是化肥，主要有尿素、过磷酸钙、钙镁磷肥、氯化钾、硫酸钾及复合肥等。调查嘉善县肥料发展历史，可将本县农民施肥发展状况概括为：新中国建立后，经常开展群众性的积土杂肥运动，积

极发展以养猪生产为重点的畜牧业，以求"猪多、肥多、粮多"。20世纪50年代种植单季晚稻，重点推广陈永康的"两头重，中间轻""青—黄—青"的施肥经验。60年代后，化肥使用量不断增加，施肥技术相应有了新的发展。80年代，肥料结构有了新的变化，有机肥逐步减少，化肥施用量急速增加，出现了多氮、缺磷、少钾现象。从1987年开始，采取"控氮、增磷、补钾"措施，提高水稻成穗率、结实率和千粒重。进入21世纪之后，由于长期施用化肥，缺少有机肥投入，农产品品质出现下降，耕地地力也出现不同程度下降。

1. 施肥结构不合理，单质肥料施用量过大

目前，由于嘉善县许多农户对作物需肥规律了解不多，往往为丰产盲目施用大量单质肥料如尿素、过磷酸钙，既造成浪费，又引起土壤肥害和障碍。同时土壤某一元素的过量，会造成其他营养元素缺乏，失去施肥的平衡性，由于氮肥用量高，致使土壤和农产品中硝酸盐大量积累，严重影响品质及人体健康。

2. 忽视有机肥的使用

由于有机肥的使用费时费力费工，不少农田已多年不施用有机肥，稻草秸秆还田用量也较少。

3. 施肥不合理，土壤障碍多

在嘉善县设施栽培老区，由于土壤连作多年，土壤酸化，盐渍化，缺素症已开始显现，有待于加强防范与矫治。

4. 新建标准农田施肥力度有待加强

新建标准农田平整后的土壤耕作层，基本上是原来旱地土壤的心土层，有机质14g/kg左右，有些甚至更低，氮磷钾及多种营养元素较缺乏。土壤紧实，通透性差，容重达1.35。若培肥未能跟上，就可成为新的低产田。而目前农村有机肥使用量不大，不能满足加土田需要大量有机肥的现状，不利于迅速培肥。农民按一般农田的习惯施肥，很少施用磷钾肥，或用量少，将严重影响产量。

二、无公害农业开展情况

食品安全是全民之愿望，亦是农业生产的基本目标之一。近几年来，嘉善县已十分重视农产品生产的安全。首先从减少农药与化肥的用量着手，控制农产品与环境污染，其次选择安全农药与安全使用期，重点是抓好有机农业、绿色食品生产与无公害农业相结合，生产安全农产品；第三是开展基地

监测，把好产品"准出关"，以确保无公害生产基地创建工作的顺利开展，促进农民增产增收目标的实现。目前本县已建省级无公害农产品生产基地60个，面积 7 886.32hm²；农产品通过部级无公害农产品认证70个。

三、对策与建议

在农业部、省市土肥技术部门的指导下，全面推广应用测土配方施肥技术，做到因缺补缺，同时推广应用了微生物肥料，商品有机肥、作物专用肥以及水稻专用配方肥等，对促进生态高效农业发展起到了较好的效果。

（一）调整施肥结构，控制单质化肥投入量

在生产管理上，按平衡施肥技确定用肥量和施肥技术，调整施肥结构，控制单质化肥的用量，尤其是氮化肥，多施用复合肥与微量元素肥料。按照无公害生产的要求：粮食作物不得在收获前 15 天；蔬菜瓜果类不得在收获前 8 天；果树类作物不得在收获前 20 天追施氮肥及其他叶面肥，防止农产品中硝酸盐及重金属含量超标。

（二）科学合理地施用有机肥

人畜粪尿、绿肥、秸秆等新鲜有机肥，施用前应经过腐熟处理，以免产生有毒有害物质，影响作物生长。畜禽养殖场的粪便、农作物秸秆应经工厂化加工处理，制造成优质商品有机肥，用于无公害农产品生产，改善土壤理化性状，培肥地力，降低污染，提高农产品品质。

（三）大力推广测土配方施肥技术，提高肥料利用率

长期不合理施肥，将导致土壤和作物中硝酸盐含量增加，从而影响农产品的优质、安全和竞争力。测土配方施肥是一项控制肥料污染的重要技术，首先要从土壤养分测试入手，要因土因作物分类指导，广泛开展测土工作与肥料田间试验，选定不同作物配方施肥技术方案和施肥技术指导，完善"测土—配方—供肥—技术指导"一条龙服务。建立无公害农产品基地养分管理数据库和施肥专家咨询系统，统一技术指导，科学合理施肥，提高肥料利用率，确保农产品的高效、优质、安全。

（四）加强肥料登记管理，保障农民用上"放心肥"

针对目前肥料市场良莠不齐状况，狠抓肥料登记管理，规范登记程序，严把质量关。加强肥料质量跟踪监督，加大肥料市场的监督抽查，积极开展肥料市场检查，打击伪劣产品，进一步净化、规范化肥市场，保护广大农民的利益。

（五）加大无公害农产品生产施肥技术标准制定和实施力度

以提质增效安全为中心，积极探索和制订无公害农产品生产施肥技术标准，加强宣传和培训力度，指导生产者科学合理使用肥料。制定无公害农产品用肥认定办法，加强无公害用肥推荐，向农民推荐安全、优质和放心的肥料品种。

第四节　加强耕地质量管理的对策与建议

耕地质量包含生产性质量与环境质量。生产性质量就是农民习惯称呼的土质好坏，具体表现为土壤的肥力状况与生产能力；环境质量就是土壤的净化纯度，即土壤中各种有害物质的存在状况。耕地质量的好坏不仅关系到耕地农业生产的能力，而且也关系到农产品及对环境的安全。对于有效保护和合理利用有限的耕地资源，促进农业产业结构的调整，发展优质、安全的农产品生产，打造绿色、高效、生态农业强县，构筑都市型农业发展具有十分重要的现实意义。为了进一步提高嘉善县耕地的综合生产能力，促进农业生产的可持续发展，必须加强现有耕地的质量管理，各级政府、部门要提高对耕地质量问题的认识，加强对耕地质量建设的领导，各司其职，各尽所能，把实施"土壤健康工程"列入议事日程，切实加强嘉善县耕地质量管理工作。

一、建立健全耕地质量监测体系和耕地资源管理信息系统，对耕地质量进行动态管理

（一）建立健全耕地质量监测体系

加强地力监测网络建设，加快监测点配套设施建设，把土壤的安全检测列入农产品安全检测的重要环节，切实抓好耕地质量监测、管理等配套技术规程和标准的制定工作，为指导合理施肥、维护耕地质量奠定扎实基础。在全县已建立的3个土壤长期定位监测点的基础上，结合土壤肥力动态监测点建立县域地力监测网络体系，通过对监测点的土壤、植物样本、气候、施肥状况、养分平衡情况、生产管理、作物产量的如实监测调查，实时掌握肥力变化动态，建立地力监测数据库。根据监测数据定时向当地政府及上级业务主管部门提供耕地质量现状与预警报告，提出培肥措施、利用方式及施肥建议等。

（二）建立健全地力信息共享系统

通过改进、提高耕地地力信息技术，优化耕地资源管理信息系统功能，不断充实、完善基础数据库，实现耕地资源管理的数字化、可视化和动态化，提高信息的开发利用效率，为调整、优化农业结构，发展区域性特色农业产业带，建立无公害农产品基地，发展绿色、有机农产品提供科学依据和信息交流平台。

（三）建立土壤质量预测预报系统

在研究土壤障碍诊断指标的基础上，根据不同情况，设立土壤质量监控点，分析土壤理化性状和土壤环境变化趋势，预测预报土壤障碍、土壤污染的发生、发展，预先提出预警报告，及时为农业生产提供针对性的治理、预防措施和改良、培肥土壤的指导意见。

二、健全耕地保养管理法律法规体系，依法加强耕地地力建设与保养

根据《中华人民共和国农业法》《基本农田保护条例》等现行法律、法规，实行严格的耕地保护制度，切实保护耕地和基本农田，依法加强耕地地力建设与保养。要抓紧制订适用于当地的《耕地保养管理条例》等地方性法规，对耕地使用和养护的监督管理、中低产田（地）的改造以及对耕地地力、环境状况的监测和评价等作出具体的法律规定，把建立耕地保养监督管理制度，建立健全耕地质量监测体系，加强耕地质量保护等工作纳入法制化轨道，努力健全耕地保养管理的法律法规体系，促进农业生产持续稳定发展。

三、制定优惠政策，建立耕地保养管理专项资金，加大政府对耕地质量建设的支持力度

各级政府要重视耕地质量保护，把它作为农业基础建设的一项重要举措来抓。建议各级财政部门及有关部门将耕地质量建设这项工作纳入财政预算，列入重点支持项目，建立耕地保养管理专项资金，利用 WTO 的"绿箱"政策，加大资金投入力度，改善和提高耕地质量，为生产优质、无公害、特色农产品创造良好的土壤环境条件。

多渠道争取资金，加大对耕地质量建设的投资力度，努力保护、改善耕地质量，提高耕地综合生产能力，是增强农业竞争实力的重要途径。重点在

以下方面增加投入。一是开展标准化农田建设，采取工程、生物、农艺等综合措施，改造中低产田，减少劣质耕地。二是大力实施"沃土工程"。推广各类商品有机肥、新型优质高效肥，推广秸秆还田等地力培肥和平衡施肥技术，扩种肥、饲、菜兼用的绿肥新品种，保护土壤肥力，改善生态环境。三是结合农业特色产品、无公害农产品、绿色食品等基地建设，开展地力监测和耕地环境质量评价，为保养耕地，消除土壤障碍因子，治理环境污染，提供科学依据。

第七章

耕地地力评价成果应用

第一节 大棚连作栽培土壤养分现状与配方施肥技术

嘉善县地处浙北杭嘉湖平原东面，东接上海市，北邻江苏省，全县总人口 38.29 万，其中，农业人口 20.35 万，全县现有耕地面积 45.4 万亩，其中水田 43.2 万亩，旱地 2.2 万亩，常年日照时数 2 023 h，年平均气温 15.5℃，年无霜期为 236 天，年降水量 1 086mm，降雨天数 139 天，全县土壤质地为黏土，长期以来，以种植粮油作物为主，是全国商品粮基地县之一。

一、大棚产业发展概况

大棚种植发展概况，在 1983—1984 年，全面实行家庭联产承包责任制后，中央提出决不放松粮食生产，并积极发展多种经营的工作思路，嘉善县开始着力调整农业内部产业结构，露地蔬菜、小环棚蔬菜有了较快发展，通过二年的调整，使全县粮经面积比例达到 84：16。1985—1988 年，嘉善县通过参观引导、技术指导、宣传发动等手段，鼓励农民尝试种植大棚经济作物。经过几年的实践和探索，大棚生产技术逐步走向成熟。在 1990 年，丁栅镇提出 "一亩一户一万元" 的口号之后，魏塘镇实施了 "万元千斤粮" 工程，取得了较好的经济效益。在 1995 年，县委县府提出了 "万亩亿元工程"，通过近 10 年的发展，到 1998 年年底，全县粮经比例达到 72：28。大棚菜瓜面积达到 2.1 万亩，占全省大棚种植的 1/7，成为全省大棚面积的主要生产基地。从 1999 年开始，随着浙江省率先实行粮食购销市场化的逐步改革，嘉善县的大棚菜、瓜类经济作物进入了快速发展时期。到 2009 年年底，全县菜、瓜全年复种面积为 27.77 万亩，其中冬春季大棚菜瓜面积接近 5.2 万亩。大棚菜瓜具有生长期短、根系较弱、产量很高以及经济效益较好等特点，许多农户觉得搭建大棚比较费工，往往都不愿意每年轮作，造成菜瓜品质和效益的下降。为了搞清嘉善县大棚连作所带来土壤肥力与耕地地力下降的原因，特作专题调查分析。

二、调查方法

根据《全国测土配方施肥技术规程》和《浙江省耕地地力调查与质量评价实施方案》的规定，在嘉善县土壤图、基本农田保护区规划图和土地利用现状图等图件上，室内确定取样位置，指导野外采样，实际采样时，利用 GPS 外业定点的方法进行布点，并对采样点进行详细的农业生产调查和野外记录，完成采样基本情况调查表，采样点农户调查表和污染情况调查表。按照种植制度分为，即麦（油）—水稻、大棚菜瓜—水稻、大棚菜瓜—大棚菜瓜三种种植类型。在同一区域内取样。三种种植类型各取 17 个土样进行比较分析。

取样方法：根据布点的全面性和均衡性原则，取样工具为不锈钢土钻和竹铲，取样时期为作物收获前与后。根据调查要求，取样点用 GPS 定位。水田，取 0~15cm 土层：菜地，全县现有菜地约 7 万亩，其中，连片 100 亩以上的菜地 19 个。冬春季大棚菜瓜面积近 5.2 万亩，常年大棚面积有 2 万亩。以一个大棚（连作 2 年以上）为取样单元，取样深度耕作层为 0~25cm，采取"X"或"S"法取 8~10 个样点混合成一个土样。

三、土壤养分调查结果与分析

（一）pH 值、有机质及大量元素

1. pH 值（土壤酸碱度）变化

在麦（油）—水稻、大棚瓜菜—水稻、大棚瓜菜—大棚瓜菜（连作 2 年以上）三种种植类型的 17 个取样点中，从表 7-1 可知，在大棚连作类型中，pH 值<5.5（弱酸性以下）的样点有 5 个，占 29.4%，明显多于其他两种种植类型，所以大棚连作栽培会导致土壤不同程度的酸化。

表 7-1　三种不同种植类型土壤 pH 值比较

种植类型	pH 值		1	2	3	4	5	样点
	最大值	最小值	7.0~6.5	6.5~6.0	6.0~5.5	5.5~5.0	<5.0	(个)
麦（油）—水稻	6.52	5.59	1	8	8			17
大棚瓜菜—水稻	6.79	5.56	2	9	6			17
大棚瓜菜—大棚瓜菜	6.93	4.59	4	5	3	2	3	17

　　分析引起大棚连作土壤酸化的主要原因：一是施肥结构不合理，一般蔬菜作物 N、P、K 吸收比为 1：0.3：（0.6~1.1），农户往往为高产，而大量盲目施用化肥，而目前 N、P、K 的施用比例为 1：0.4：0.3，不符合作物吸收量的比例，导致土壤酸性加剧。二是少施或不施有机肥，在化肥用量本身较高的情况下，使土壤缓冲性能减弱，土壤本身酸碱性的调节能力减弱。三是大棚在特定环境下，长期没有雨水淋浇，使得向土壤施用的酸性肥料不能随雨淋浇到土壤深层。而残留在土壤的耕作层。四是土质黏重。土质黏则保肥性强，养分流失少，特别是大棚长期连作栽培无雨水淋浇更明显。

　　2. 土壤有机质含量变化

　　在三种种植类型中麦（油）—水稻平均含量最高为 33.9g/kg，大棚瓜菜—水稻与大棚瓜菜—大棚瓜菜两种类型平均含量比较接近，这是由于种植水稻淹水时间长，有机质矿化率较低，所以土壤中储存量相对较高。反之，种植大棚作物则相对干旱时间长，土壤中含量降低。在麦（油）—水稻中，有机质含量处于中下（20~30g/kg）的有 3 个，占 17.6%；大棚瓜菜—水稻中含量<30g/kg 的有 6 个，占 35.2%；在大棚连作中，含量<30g/kg 的有 8 个，占 47.1%，所以长期连作会使土壤中有机质下降较明显，在大棚种植中增施有机肥是非常必要的（表 7-2）。

表 7-2　三种种植类型土壤中有机质含量比较

种植类型	有机质（g/kg）			高		中		低		样点
	最大值	最小值	平均值	1	2	3	4	5	6	(个)
麦（油）—水稻	36.8	22.1	33.9	—	—	14	3	—	—	17
大棚瓜菜—水稻	40.9	13.3	30.6	—	2	9	4	2	—	17
大棚瓜菜—大棚瓜菜	38.3	18.6	30.7	—	—	9	7	1	—	17

3. 土壤全氮含量变化

在三种种植类型中，"麦（油）—水稻"17个样点平均含量为1.96g/kg，最高；大棚瓜菜—大棚瓜菜茬口次之，为1.91g/kg，其中，全氮含量中下（1~1.5g/kg）样品1个，占5.9%；"大棚瓜菜—水稻"平均含量为1.85g/kg，其中，含量中下（1~1.5g/kg）样品5个，占29.4%。由此可见，大棚—水稻茬口由于实现了水旱轮作，氮素矿化比较多，土壤中氮素的利用率较高（表7-3）。

表7-3　三种种植类型土壤中全氮含量比较

种植类型	全氮（g/kg）			高		中		低		样点（个）
	最大值	最小值	平均值	1	2	3	4	5	6	
麦（油）—水稻	2.24	1.59	1.96	—	10	7	—	—	—	17
大棚瓜菜—水稻	2.46	1.06	1.85	—	7	5	5	—	—	17
大棚瓜菜—大棚瓜菜	2.41	1.12	1.91	—	7	9	1	—	—	17

4. 土壤速效磷含量变化

大棚连作栽培土壤中速效磷含量最高，17个样点平均为57.0mg/kg，其中，含量>30mg/kg的样品15个，占88.2%，含量15~30mg/kg的2个，占11.8%；大棚菜瓜—水稻茬口次之，平均含量为51.7mg/kg，其中，含量>30mg/kg的12个，占70.6%，含量15~30mg/kg的5个，占29.4%；麦（油）—水稻茬口最低，平均为18.0mg/kg，其中，含量>30mg/kg的2个，占11.8%，含量15~30mg/kg的7个，占41.2%，含量10~15mg/kg的5个，占29.4%；含量5~10mg/kg的3个，占17.6%。这说明一是由于种植大棚作物磷肥的施用量明显增加，二是因为种植水稻田黏性土壤在长时间淹水条件下，速效磷易被黏粒晶格所固定，不易释放出来，所以含量减少（表7-4）。

表7-4　三种种植类型土壤中速效磷含量比较

种植类型	速效磷（mg/kg）			高		中		低		样点（个）
	最大值	最小值	平均值	1	2	3	4	5	6	
麦（油）—水稻	32.1	6.6	18.0	2	7	5	3	—	—	17
大棚瓜菜—水稻	141.7	19.1	51.7	12	5	—	—	—	—	17
大棚瓜菜—大棚瓜菜	110.0	17.0	57.0	15	2	—	—	—	—	17

5. 土壤速效钾含量变化

从表7-5中分析，大棚连作栽培土壤平均速效钾含量最高，为195mg/kg，其中，含量>200mg/kg的样品7个，占41.2%，含量150~200mg/kg的5个，占29.4%，含量100~150mg/kg的5个，占29.4%；大棚—水稻茬口次之为191mg/kg，其中，含量>200mg/kg的样品7个，占41.2%，含量150~200mg/kg的5个，占29.4%，含量100~150mg/kg的3个，占17.6%，含量80~100mg/kg的2个，占11.8%；麦（油）—水稻茬口最低为105mg/kg，含量>200mg/kg的样品0个，含量150~200mg/kg的2个，占11.8%，含量100~150mg/kg的6个，占35.3%，含量80~100mg/kg的6个，占35.3%，含量50~80mg/kg的3个，占17.6%，这表明，嘉善县大棚经济作物土壤中速效钾含量处于中量水平以上。

表7-5   三种种植类型土壤中速效钾含量比较

种植类型	速效钾（mg/kg）			高		中		低		样点（个）
	最大值	最小值	平均值	1	2	3	4	5	6	
麦（油）—水稻	173	62	105	—	2	6	6	3	—	17
大棚瓜菜—水稻	368	88	191	7	5	3	2		—	17
大棚瓜菜—大棚瓜菜	334	102	195	7	5	5	—	—	—	17

（二）中量元素

1. 钙元素（Ca）

在17个大棚连作土壤样品中，土壤有效钙含量平均为2 017.9 mg/kg，均达到极丰富（大于600mg/kg）的标准，比全县平均1 912.9 mg/kg，高出5.49%。这表明嘉善县土壤中有效钙储存量比较丰富（表7-6）。

表7-6   大棚连作与全县土壤中有效钙比较表   （单位：mg/kg）

项　目	大棚连作	全　县
最大值	2 756.0	3 642
最小值	1 181.0	996
平均值	2 017.9	1 912.9
标准偏差	500.2	376.5
变异系数（%）	24.8	19.7
个数	17	302

2. 镁元素（Mg）

全县大棚连作的 17 个土壤样点中，有效镁平均含量为 413mg/kg，全部样点均高于极丰富水平（150mg/kg），比全县平均 403mg/kg，高出 2.48%，这表明，嘉善县的土壤中有效镁含量普遍较高（表7-7）。

表 7-7　大棚连作与全县土壤中有效镁比较　　　　　（单位：mg/kg）

项　目	大棚连作	全　县
最大值	550	709
最小值	287	230
平均值	413	403
标准偏差	63.7	73.1
变异系数（%）	15.4	18.1
个　数	17	302

3. 硫元素（S）

在 17 个大棚连作土样中，有效硫平均含量为 127.0mg/kg，比全县平均 87.3mg/kg 高出 31.2%，其中，达到极丰富水平（大于 50mg/kg）的有 16 个，占 94.1%；达到丰富水平（30~50mg/kg）的有 1 个，占 5.9%，通过这次土壤检测分析说明，嘉善县的大棚连作土壤中，有效硫含量比较丰富，比其他种植类型土壤中的储备量偏高（表7-8）。

表 7-8　大棚连作与全县土壤中有效硫比较　　　　　（单位：mg/kg）

项　目	大棚连作	全　县
最大值	209.2	303.3
最小值	46.7	22.9
平均值	127.0	87.3
标准偏差	53.4	48.6
变异系数（%）	42.1	55.7
个　数	17	302

4. 硅元素（Si）

17 个大棚连作土壤样点中，有效硅含量平均为 180mg/kg，高出全县平均含量 168mg/kg 的 7.1%，其中，达到极丰富水平（大于 200mg/kg）的 5 个，占 29.4%；达到丰富水平（130~200mg/kg）的 10 个，占 58.8%；达到中量水平（100~130mg/kg）的 2 个，占 11.8%，这说明大棚连作中的有效硅含量开始出现不平衡（表7-9）。

表7-9　大棚连作与全县土壤中有效硅比较　　　（单位：mg/kg）

项　目	大棚连作	全　县
最大值	269	286
最小值	118	96
平均值	180	168
标准偏差	44.3	29.7
变异系数（%）	24.6	17.7
个　数	17	302

（三）微量元素

1. 铜元素（Cu）

在17个大棚连作土壤样点中，有效铜平均含量为6.2mg/kg，全部样点均达到了极丰富水平（大于2.0mg/kg），比全县平均7.3mg/kg，减少15.1%，表明嘉善县大棚连作后有效铜含量还是比较丰富的，但低于全县平均水平。铜元素是作物体内多种氧化酶的主要成分，参与体内氧化还原反应和呼吸作用，作物缺少铜元素表现为生长点与新叶坏死，不结果实（表7-10）。

表7-10　大棚连作与全县土壤中有效铜比较　　　（单位：mg/kg）

项　目	大棚连作	全　县
最大值	10.6	30.2
最小值	4.1	1.4
平均值	6.2	7.3
标准偏差	1.7	3.2
变异系数（%）	27.4	43.8
个　数	17	302

2. 锌元素（Zn）

在17个大棚连作土壤样点中，有效锌平均含量为10.7mg/kg，全部样点均达到极丰富水平（大于3.0mg/kg），比全县平均8.6mg/kg，高出24.4%，这次检测表明，嘉善县的大棚作物中有效锌含量是比较丰富的，但田块之间差异较大。锌能促进作物光合作用和参与生长素的合成，当作物缺锌，表现为生长发育停滞，叶子变小（表7-11）。

表7-11　大棚连作与全县土壤中有效锌比较　　（单位：mg/kg）

项　目	大棚连作	全　县
最大值	26.2	60.7
最小值	3.8	0.4
平均值	10.7	8.6
标准偏差	7.1	7.8
变异系数（%）	66.4	90.2
个　数	17	302

3. 铁元素（Fe）

在全县17个大棚连作土壤样点中，有效铁平均含量为211mg/kg，全部样点均达到极丰富水平（大于20mg/kg），比全县平均302mg/kg，偏低91mg/kg。这次检测表明，嘉善县的大棚作物中有效铁含量是极丰富的，但比全县水平偏低。铁既是植物叶绿素合成不可缺少的元素，又是体内许多氧化酶的重要组成成分。作物缺铁，叶绿素不能合成，影响光合作用，又影响蔗糖的合成，表现为嫩叶出现"缺绿症"（表7-12）。

表7-12　大棚连作与全县土壤中有效铁比较　　（单位：mg/kg）

项　目	大棚连作	全　县
最大值	580	659
最小值	87	38
平均值	211	302
标准偏差	105.9	95.2
变异系数（%）	50.2	31.5
个　数	17	302

4. 锰元素（Mn）

在全县17个大棚连作土壤样点中，有效锰平均含量为135mg/kg，全部样点均达到极丰富水平（大于15mg/kg），比全县平均149mg/kg，略偏低。这次检测表明，嘉善县的大棚作物中有效锰含量也是极丰富的。锰元素是作物光合作用与呼吸作用的重要元素，缺锰从新叶开始，新叶的叶肉变黄，而叶脉仍为绿色，严重时变黄部分成灰色或坏死（表7-13）。

表7-13　大棚连作与全县土壤中有效锰比较　　（单位：mg/kg）

项　目	大棚连作	全　县
最大值	297	351
最小值	71	11
平均值	135	149
标准偏差	53.9	49.4
变异系数（%）	39.9	33.1
个　数	17	302

5. 钼元素（Mo）

在全县17个大棚连作土壤样点中，有效钼平均含量为0.19mg/kg，与全县平均水平相同，其中，达到极丰富水平的没有；达到丰富（0.2~0.3mg/kg）的7个，占41.2%，达到中量水平（0.15~0.2mg/kg）的7个，占41.2%，微缺（0.10~0.15mg/kg）的3个，占17.6%。由此可见，嘉善县在大棚连作种植方式中，微量元素——钼元素储存量不足，在今后的施肥结构中必须引起重视。钼元素既能促进硝态氮的同化作用，又能增进叶片光合作用强度，作物缺钼生长不良，植株矮小，叶脉间缺绿，或叶片扭曲，番茄叶片的边缘向上卷曲，形成白色或灰色斑点而脱落（表7-14）。

表7-14　大棚连作与全县土壤中有效钼比较　　（单位：mg/kg）

项　目	大棚连作	全　县
最大值	0.27	0.37
最小值	0.13	0.08
平均值	0.19	0.19
标准偏差	0.04	0.05
变异系数（%）	21.1	24.4
个　数	17	302

6. 硼元素（B）

在全县17个大棚连作土壤样点中，有效硼含量平均为0.54mg/kg，低于全县平均 12.9%，其中达到极丰富、丰富水平的没有，达到中量水平（0.5~1.0mg/kg）的 11 个，占 64.7%，微缺（0.2~0.5mg/kg）的 5 个，占 29.4%，极缺的 1 个，占 5.9%（县农科所）。所以嘉善县大棚连作方式土壤中容易缺硼，硼元素既能促进作物生殖器官的正常发育，又能增强作物的抗性。作物缺硼果实不能正常发育，多产畸形果，严重影响产量与经济效益。硼砂作为一种微量元素肥料，建议嘉善县农户在今后种植大棚经济作物中要补施（基施或叶面喷施）（表 7-15）。

表 7-15　大棚连作与全县土壤中有效硼比较　　　　（单位：mg/kg）

项　目	大棚连作	全　县
最大值	0.97	2.96
最小值	0.18	0.14
平均值	0.54	0.62
标准偏差	0.18	0.27
变异系数（%）	33.3	42.9
个　数	17	302

四、大棚连作栽培方式今后施肥目标

通过此次全县测土配方施肥项目实施，开展了耕地地力调查与质量评价，初步查明目前嘉善县大棚生产土壤中养分结构状况。经过近些年来的开发利用，出现了一些新变化与新问题，主要表现为土壤酸化有所加剧，有机质出现亏缺，微量元素中钼、硼开始下降。今后一段时期嘉善县大棚作物的施肥目标是："普施有机肥，控氮稳磷钾，加施硼钼肥，补施生物肥"。力争 pH 值每年递增 0.1 个单位，有机肥每年递增 5% 以上，硼、钼微肥每年推广面积在 2 000 亩以上，施肥结构逐步趋向合理。

五、对策与建议

（一）调整施肥结构，控制速效化肥投入量

在生产管理上，调整施肥结构，控制单质化肥的用量，尤其是控制速效氮化肥（尿素、硝酸铵），多施用有机或无机复合肥与微量元素肥料。按照无公害生产的要求：大棚蔬菜瓜果类不得在收获前 8 天追施氮肥及其他叶面肥，防止农产品中硝酸盐及重金属含量超标。

（二）科学合理地施用有机肥

有机肥料不仅为蔬菜的生长发育提供多种大量的和微量的营养元素，而且随着有机肥料的分解，可以显著地改善蔬菜作物的品质和风味。人畜粪尿、鸡鸭粪、绿肥、秸秆稻草等新鲜有机肥，施用前应经过腐熟处理，以免产生有毒有害物质，影响作物生长。畜禽养殖场的粪便、农作物秸秆也可以经工厂化加工处理，制造成优质商品有机肥，用于无公害农产品生产，改善土壤理化性状，培肥地力，降低污染。

（三）推广测土配方施肥技术，提高肥料利用率

长期不合理施肥，将导致土壤酸化、养分不平衡和作物中硝酸盐含量增加，从而影响农产品的优质、安全和竞争力。测土配方施肥讲究因土因作物分类指导，根据土壤养分丰缺进行施肥。建立无公害农产品基地的养分管理数据库和施肥专家咨询系统，统一技术指导，科学合理施肥，提高肥料利用率，确保农产品的优质和安全。

（四）加大无公害农产品生产施肥技术标准制定和实施力度

以提质增效和安全为中心，积极探索和制定无公害农产品生产施肥技术标准，加强宣传和培训力度，指导生产者科学合理使用肥料。制定无公害农产品用肥认定办法，加强无公害用肥推荐，向农民推荐安全、优质和放心的肥料品种。

（五）加施生石灰、改施碱性肥料和补施微肥，综合改良土壤

初步试验表明，对于 pH 值小于 5.5 微酸性土壤，每亩施用生石灰 100kg，与土壤充分拌匀，可以改善土壤酸度，连续施用两年以上，可提高 pH 值 1 个单位。另外，还可多施碱性肥料（如钙镁磷肥）来代替过磷酸钙等酸性磷肥，同样效果比较明显。同时要补施微肥，既可拌种，又可基施或根外追肥，以补充土壤中如硼、钼等微量元素的不足，确保瓜果、蔬菜能健康生长。

第二节　主要无公害生产基地养分调查及合理施肥技术

一、基本概况

嘉善县地处太湖流域杭嘉湖平原东北部，区域总面积 506.6km^2，其中

陆地占 85.71%，水域占 14.29%。2009 年末全县建有部级以上无公害农产品基地 61 个，面积达到 15 万亩；无公害农产品 70 个，绿色食品 10 个，涵盖粮食、蔬菜、水果和淡水鱼四大类。嘉善县的农产品主要以供应周边大城市为主，其中，50%供应上海，40%供应省内及周边市场如杭州、苏州、宁波、嘉兴等，余下 10%则以本地销售为主。为切实加强耕地质量保护与管理，促进农业产业结构调整，发展优质安全生态高效的农产品，提升科学施肥水平，培育安全肥沃的土壤，促进高效生态农业的发展，实现农业增效、农民增收，农业可持续发展目标。本次依托农业部配方施肥项目实施，全县选择 7 个代表性较强主要无公害生产基地，进行耕地质量分析与评价，这些基地既有传统农业改造而来，如无公害大米生产基地、无公害雪菜生产基地和无公害大豆生产基地；也有嘉善县发展较为迅速的设施农业如无公害草莓生产基地、无公害番茄生产基地；更有适合嘉善县种植的精品水果生产基地有无公害黄桃生产基地和无公害蜜梨生产基地。7 个基地严格执行《无公害农产品生产技术操作规程》，实施标准化生产，品牌化销售，以专业合作社为龙头，走市场化、产业化之路。7 个主要无公害农产品生产基地主要包括以下几种。

（1）无公害大米生产基地。以省级名牌"干窑大米"为优势品牌，基地涉及嘉善县干窑、西塘、姚庄 3 个镇 13 个行政村，面积在约 1 万亩。晚稻种植品种为"秀水 134"和"嘉禾 218"。基地生产的稻谷按照订单收购。2005 年 11 月起被命名为无公害生产基地。

（2）无公害大豆生产基地。该基地位于嘉善县惠民街道，自 1997 年开始引进种植"台湾 75 号"鲜食春大豆以来，生产规模逐年扩大，生产效益明显提高。以大通、新润、双溪、王家 4 个村为重点，总面积约 5 100 亩。品种以中熟品种"台湾 75 号"当家。

（3）无公害番茄生产基地。位于嘉善县姚庄镇，涉及界泾港、星火、北港、丁栅、银水庙 5 个行政村，面积约 1.2 万亩，总产量 4.8 万 t，总产值 7 500 万元。种植的番茄品种为"浙粉 202"，全部采用保护地设施栽培。2003 年 11 月被命名为无公害生产基地。

（4）无公害草莓生产基地。位于嘉善县干窑镇范泾村，面积约 1 050 亩，总产量 1 430 t，产值 1 153 万元。种植的品种为日本的"丰香"，采用保护地设施栽培。2003 年 12 月被命名为无公害生产基地。

（5）无公害雪菜生产基地。位于嘉善县天凝镇，以光明、新联 2 个村为核心，面积约 7 000 亩。种植的品种为"本地红"。2002 年 12 月被命名为无公害生产基地。2004年1月，"杨庙雪菜"获得原产地保护标志。

（6）无公害黄桃生产基地。位于嘉善县姚庄镇北鹤、利锋、展丰3个村，总面积约4 500亩，黄桃品种为上海市农业科学院的"锦绣黄桃"。2002年12月该基地被命名为无公害生产基地。2004年1月"锦绣黄桃"获得原产地保护标志。

（7）无公害蜜梨生产基地。该基地位于嘉善县惠民街道，主要有大通、惠通、曙光3个村，总面积约5 300亩，投产面积3 800亩，总产量6 000 t，总产值1 300万元。蜜梨品种为浙江省农业科学院的"翠冠"。2002年11月被命名为无公害生产基地。嘉善县7个省级无公害基地基本情况详情见表7-16。

表7-16　7个省级无公害基地基本情况表

基地名称	所在镇（街道）	所在村	面积（万亩）	总产量（t）	亩产值（元）
无公害大米基地	干窑 西塘 姚庄	长丰、长生、南宙、汤家、曹家、礼庙、卫红、下甸庙、星建、新胜、姚庄、南鹿、武长	1.066	5 330	1 870
无公害大豆基地	惠民	新润、大通、双溪、王家	0.51	2 250	1 500
无公害番茄基地	姚庄	界泾港、星火、北港、丁栅、银水庙	1.2	48 000	8 850
无公害草莓基地	干窑	范泾	0.105	1 430	18 438
无公害雪菜基地	天凝	光明、新联	0.60	30 000	3 500
无公害黄桃基地	姚庄	北岳、利锋、展幸	0.45	9 000	6 000
无公害蜜梨基地	惠民	大通、惠通、曙光	0.50	5 000	3 400

二、调查结果与分析

（一）各基地土壤养分变幅区间

7个无公害生产基地共涉及土壤样点69个，其中，无公害大米生产基地22个；无公害大豆生产基地12个；无公害番茄生产基地13个；无公害草莓生产基地3个；无公害雪菜生产基地8个；无公害黄桃生产基地5个；无公害蜜梨生产基地6个。7个省级无公害生产基地有关pH值及养分的数据情况见表7-17。

表 7-17 7个省级无公害生产基地样品数据分析

名　称	土壤样品数	pH 值			有机质 (g/kg)			全氮 (g/kg)			速效磷 (mg/kg)		
		最大值	最小值	平均值	最大值	最小值	平均值	最大值	最小值	平均值	最大值	最小值	平均值
无公害草莓基地	3	6.58	6.06	—	37.4	32.4	34.3	2.408	1.926	2.135	31.8	19.6	25.7
无公害黄桃基地	5	7.08	6.13	—	36.4	16	27.5	2.296	0.924	1.736	67.8	7.4	27.4
无公害蜜梨基地	6	5.88	5.41	—	26.7	17.4	20.9	2.016	1.232	1.447	53.3	6.0	28.3
无公害雪菜基地	8	7.02	6.03	—	60.9	32.6	47.8	3.248	1.736	2.696	98.0	2.0	44.0
无公害大豆基地	12	6.71	5.11	—	48.6	25.2	37.4	3.136	1.792	2.422	87.6	4.6	30.2
无公害番茄基地	13	6.88	5.20	—	40.9	18.6	32.1	2.632	1.120	2.079	116.3	33.6	58.2
无公害大米基地	22	7.24	5.92	—	57.4	27.6	39.4	3.528	1.834	2.234	125.8	0.5	20.6
7个基地总样品	69	7.24	5.11	—	60.9	16.0	36.0	3.528	0.924	2.182	125.8	0.5	33.5

名　称	土壤样品数	速效钾 (mg/kg)			铜 (mg/kg)			锌 (mg/kg)			铁 (mg/kg)		
		最大值	最小值	平均值	最大值	最小值	平均值	最大值	最小值	平均值	最大值	最小值	平均值
无公害草莓基地	3	145	118	132	6.9	6	6.5	10.0	5.1	7.5	196	79	127
无公害黄桃基地	5	322	119	188	7.5	2.9	5.5	20.24	0.67	8.20	93	38	72
无公害蜜梨基地	6	250	106	156	4.9	3.2	4.0	11.3	3.9	5.9	122	45	78
无公害雪菜基地	8	166	118	142	5.9	3.2	4.7	14.61	1.24	9.80	492	62	177
无公害大豆基地	12	179	90	114	17.2	4.5	7.5	18.01	4.9	8.0	637	118	223
无公害番茄基地	13	334	88	173	9.6	4.6	6.7	35.5	3.8	12.9	580	110	239
无公害大米基地	22	198	93	124	8.7	4.8	6.9	17.6	2.6	6	507	125	247
7个基地总样品	69	334	88	141	17.2	2.9	6.3	35.5	0.7	8.3	637	38	201

名　称	土壤样品数	锰 (mg/kg)			钼 (mg/kg)			硼 (mg/kg)			钙 (mg/kg)		
		最大值	最小值	平均值	最大值	最小值	平均值	最大值	最小值	平均值	最大值	最小值	平均值
无公害草莓基地	3	182	125	150	0.19	0.14	0.16	0.83	0.46	0.63	2 159	2 024	2 070
无公害黄桃基地	5	221	105	151	0.24	0.13	0.20	0.67	0.30	0.54	2 415	1 474	1 921
无公害蜜梨基地	6	160	83	126	0.19	0.12	0.16	0.59	0.27	0.40	1 696	1 418	1 554
无公害雪菜基地	8	180	132	151	0.21	0.13	0.17	1.18	0.39	0.77	3 307	2 342	2 771
无公害大豆基地	12	2 324	88	316	0.26	0.12	0.19	1.02	0.30	0.62	2 434	1 251	1 777
无公害番茄基地	13	221	77	127	0.31	0.12	0.20	0.70	0.27	0.51	3 642	1 866	2 397
无公害大米基地	22	250	69	142	0.37	0.1	0.19	2.96	0.23	0.67	3 396	1 576	1 907
7个基地总样品	69	2 324	69	170	0.37	0.10	0.19	2.96	0.23	0.61	3 642	1 251	2 054

名　称	土壤样品数	镁 (mg/kg)			硫 (mg/kg)			硅 (mg/kg)		
		最大值	最小值	平均值	最大值	最小值	平均值	最大值	最小值	平均值
无公害草莓基地	3	450	369	422	111.7	110.0	110.6	194	160	176
无公害黄桃基地	5	601	367	492	74.6	35.1	51.6	222	163	193
无公害蜜梨基地	6	482	350	410	60.4	27.2	42.3	198	152	172
无公害雪菜基地	8	560	463	509	90	45	72	213	153	185
无公害大豆基地	12	592	275	389	102.8	53.9	76.1	186	126	160
无公害番茄基地	13	474	311	399	255.9	46.9	136.8	274	150	211
无公害大米基地	22	495	322	388	235.9	41.2	86.7	240	109	161
7个基地总样品	69	601	275	415	255.9	27.2	87.2	274	109	177

（二）各基地土壤养分分级情况分析

根据《浙江省耕地质量调查土壤养分及 pH 值分级标准》划分土壤 pH 值及养分等级。7 个无公害生产基地的 pH 值养分等级情况见表 7-18。

表 7-18　7 个省级无公害生产基地土壤养分及 pH 值分级情况表

基地名称	土壤样品数	pH 值						有效硅（Si）					有效钼（Mo）				
		I	II	III	IV	V	VI	I	II	III	IV	V	I	II	III	IV	V
无公害草莓基地	3	1	2						3						2	1	
无公害黄桃基地	5	2	3					2	3					3	1	1	
无公害蜜梨基地	6			4	2				6						4	2	
无公害雪菜基地	8	2	6					2	6					1	6	1	
无公害大豆基地	12	1	6	3	2				10	2				6	4	2	
无公害番茄基地	13	2	8	2	1			8	5				1	7	3	2	
无公害大米基地	22	4	16	2				1	19	2			2	7	7	6	
合　计	69	12	41	11	5			13	52	4			3	24	27	15	

基地名称	土壤样品数	有机质						有效硼（B）					有效钙（Ca）				
		I	II	III	IV	V	VI	I	II	III	IV	V	I	II	III	IV	V
无公害草莓基地	3			3						2	1		3				
无公害黄桃基地	5			2	2	1				4	1		5				
无公害蜜梨基地	6				3	3				2	4		6				
无公害雪菜基地	8	3	4	1					3	2	3		8				
无公害大豆基地	12		5	5	2				1	5	6		12				
无公害番茄基地	13		1	10	1	1				9	4		13				
无公害大米基地	22	1	8	12	1			1		12	9		22				
合　计	69	4	18	33	9	5		1	4	36	28		69				

基地名称	土壤样品数	全氮（N）						有效镁（Mg）					有效硫（S）				
		I	II	III	IV	V	VI	I	II	III	IV	V	I	II	III	IV	V
无公害草莓基地	3		2	1				3					3				
无公害黄桃基地	5		2	2		1		5					2	3			
无公害蜜梨基地	6		1		5			6					1	4	1		
无公害雪菜基地	8	6	1	1				8					7	1			
无公害大豆基地	12	4	6	2				12					12				
无公害番茄基地	13	1	7	4	1			13					12	1			
无公害大米基地	22	2	18	2				22					19	3			
合　计	69	13	37	12	6	1		69					56	12	1		

第七章　耕地地力评价成果应用

基地名称	土壤样品数	速效磷（P）						有效铁（Fe）					有效锰（Mn）				
		I	II	III	IV	V	VI	I	II	III	IV	V	I	II	III	IV	V
无公害草莓基地	3	1	2					3					3				
无公害黄桃基地	5	1	3		1			5					5				
无公害蜜梨基地	6	2	3		1			6					6				
无公害雪菜基地	8	6	1				1	8					8				
无公害大豆基地	12	3	8			1		12					12				
无公害番茄基地	13	13						13					13				
无公害大米基地	22	3	5	4	7	2	1	22					22				
合　计	69	29	22	4	9	3	2	69					69				

基地名称	土壤样品数	速效钾（K）						有效铜（Cu）					有效锌（Zn）				
		I	II	III	IV	V	VI	I	II	III	IV	V	I	II	III	IV	V
无公害草莓基地	3			3				3					3				
无公害黄桃基地	5	2		3				5					5				
无公害蜜梨基地	6	1	1	4				6					6				
无公害雪菜基地	8		3	5				8					7	1			
无公害大豆基地	12		1	7	4			12					12				
无公害番茄基地	13	3	3	6	1			13					13				
无公害大米基地	22		3	15	4			22					22				
合　计	69	6	11	43	9			69					68	1			

（三）土壤酸碱度、有机质及大量元素分析

1. 土壤 pH 值

7 个无公害生产基地 69 个土壤样品中 pH 值在 5.11~7.24。7 个基地中 pH 值在 6.5~7.0（中性）的占 7 个基地全部样品数的 17.39%；pH 值在 6.0~6.5（微酸）和 7.0~7.5（中性）的占 7 个基地全部样品数的 59.42%；pH 值在 5.5~6.0（弱酸）和 7.5~8.0（微碱）的占 7 个基地全部样品数的 15.94%。

2. 土壤有机质

7 个基地的有机质平均值为 36g/kg（中等），最大值为 60.9g/kg，最小值为 16g/kg。但各基地之间有机质含量不平衡性较大。黄桃基地的土壤有机质含量平均值为 27.5g/kg（微缺），蜜梨基地的平均值为 20.9g/kg（微缺），而雪菜基地的平均值为 60.9g/kg（极丰富）。从 7 个省级无公害生产

基地的土壤有机质分级状况来看：7个无公害生产基地的土壤有机质含量在4~5g/kg（丰富）的占7个基地土壤总样品数的26.09%，有机质含量在3~4g/kg（中等）的占47.83%，这两级占7个无公害生产基地总样品数的73.9%。

3. 土壤全氮（N）

7个无公害生产基地土壤全氮量平均值为2.182g/kg（丰富），其中，雪菜基地土壤全氮量最高为2.696g/kg（极丰富），最低为蜜梨基地为1.447g/kg（微缺），而黄桃基地也较低为1.736g/kg（中等）。从7个无公害生产基地的土壤全氮分级状况来看：7个无公害生产基地的土壤全氮含量>1.5g/kg（中等以上）的占7个基地土壤总样品数的62%，其中，全氮含量在2~25g/kg（丰富）的占7个基地土壤总样品数的53.6%。

4. 速效磷（P）

7个基地速效磷含量平均值为33.5mg/kg（极丰富），最大值为125.8mg/kg，最小值为0.5mg/kg。速效磷在各基地间也呈现不平衡性。番茄基地土壤的速效磷平均含量最高为58.2mg/kg（极丰富），最低的大米基地速效磷含量平均值为20.6mg/kg（丰富），但中等以下的样点数占63.6%。从7个无公害生产基地的土壤速效磷分级状况来看：7个基地土壤速效磷含量>15mg/kg（丰富以上）的占7个基地土壤总样品数的73.91%，其中，速效磷含量>30mg/kg（极丰富以上）的占7个基地土壤总样品数的42.03%；在15~30mg/kg（丰富）的占7个基地土壤总样品数的31.88%。

5. 速效钾（K）

7个基地的速效钾平均值为141mg/kg（中等），最大值为334mg/kg，最小值为88mg/kg。从7个省级无公害生产基地的土壤速效钾分级状况来看：7个无公害生产基地土壤中速效钾含量>150mg/kg（丰富以上）的占7个基地土壤总样品数的24.64%，其中，>200mg/kg（极丰富以上）的占7个基地土壤总样品数的8.7%；150~200mg/kg（丰富）的占15.94%；而<150mg/kg（中等以下）的占7个基地土壤总样品数的75.36%，其中<100mg/kg（微缺以下）的占13.09%，100~150mg/kg（中等）的占62.32%。

（四）土壤中中量元素分析

1. 有效钙（Ca）与有效镁（Mg）

土壤样品的分析结果，7个无公害生产基地土壤中的有效钙、有效镁的含量处于极丰富状态。7个基地土壤中有效钙的平均含量为2 054 mg/kg（极丰富），最大值为3 642 mg/kg，最小值为1 251 mg/kg。有效镁的平均含量为 415mg/kg（极丰富），最大值为 601mg/kg，最小值为 275mg/kg。7 个无公害生产基地土壤中有效钙的含量全部>600mg/kg（极丰富以上），有效镁的含量全部>150mg/kg（极丰富以上）。

2. 有效硫（S）

土壤样品的分析结果，7 个无公害生产基地土壤中有效硫的含量处于极丰富的状态。7 个基地土壤中有效硫的平均含量为 87.2mg/kg（极丰富），最大值为 255.9mg/kg，最小值为 27.2mg/kg。从 7 个无公害生产基地的土壤中有效硫的分级状况来看：7 个基地土壤中有效硫的含量>30mg/kg（丰富以上）的占 98.55%，其中，>50mg/kg（极丰富以上）占 81.16%，30～50mg/kg（丰富）的占 17.39%。

3. 有效硅（Si）

土壤样品的分析结果，7 个无公害生产基地土壤中有效硅的含量较丰富。7 个基地土壤中有效硅的平均含量为 177mg/kg（丰富），最大值为 274mg/kg，最小值为 109mg/kg。从 7 个无公害生产基地土壤中有效硅的分级状况来看：7 个基地土壤中有效硅的含量>130mg/kg（丰富以上）的占 94.20%，其中，>200mg/kg（极丰富以上）的占 18.84%，130～200mg/kg（丰富）的占 75.36%。

（五）土壤中微量元素分析

1. 有效铜（Cu）

土壤样品的分析结果，7 个无公害生产基地土壤中的有效铜的含量极丰富。7 个基地有效铜的平均值为 6.3mg/kg（极丰富），最大值为 17.2mg/kg，最小值为 2.9mg/kg，7 个基地中铜的含量都>2mg/kg（极丰富）。

2. 有效锌（Zn）

土壤样品的分析结果，7 个无公害生产基地土壤中的有效锌的含量极丰富。7 个基地的有效锌平均值为 8.3mg/kg（极丰富），最大值为 35.5mg/kg，最小值为 0.7mg/kg。7 个无公害生产基地土壤中锌的含量>3mg/kg（极丰富以上）占 98.55%。

3. 有效铁（Fe）

土壤样品的分析结果，7 个省级无公害生产基地土壤中有效铁的含量极丰富。7 个基地土壤中有效铁的平均值为 201mg/kg（极丰富），最大值为 637mg/kg，最小值为 38mg/kg。但各基地之间的高低不等。最低的黄桃基地有效铁平均含量为 72mg/kg（极丰富），蜜梨基地的有效铁的平均含量为 78mg/kg（极丰富），最大的大米基地的有效铁平均含量为 247mg/kg（极丰富）。7个基地中有效铁的含量都>20mg/kg（极丰富）。

4. 有效锰（Mn）

土壤样品的分析结果，7个无公害生产基地土壤中有效锰的含量处于极丰富状态。7个生产基地土壤中有效锰的平均含量为170mg/kg（极丰富），最大值为2 324 mg/kg，最小值为69mg/kg。7个无公害生产基地土壤中有效锰的含量全部>15mg/kg（极丰富）。

5. 有效钼（Mo）

土壤样品的分析结果，7个无公害生产基地土壤中有效钼的含量处于中等水平。各基地土壤中钼的含量平均值为0.19mg/kg（中等），最大值为0.37mg/kg，最小值为0.10mg/kg。从7个无公害生产基地的土壤中有效钼的分级状况来看：7个基地中有效钼的含量>0.2mg/kg（丰富以上）的占39.13%，其中，>0.3mg/kg（极丰富以上）的占4.3%，0.2~0.3mg/kg（丰富）的占34.78%；0.15~0.2mg/kg（中等）的占39.13%，0.1~0.15mg/kg（缺）的占21.7%；<0.2mg/kg（中等以下）的占60.87%。

6. 有效硼（B）

土壤样品的分析结果，7个无公害生产基地土壤中有效硼的含量处于中等到微缺水平。7个基地土壤中有效硼的平均含量为0.61mg/kg（中等），最大值为2.96mg/kg，最小值为0.23mg/kg。从7个无公害生产基地土壤中有效硼的分级状况来看：7个基地中有效硼的含量>1mg/kg（丰富以上）的占7.25%，<1mg/kg（中等以下）的占92.75%，其中，0.5~1mg/kg（中等）的占52.17%，<0.5mg/kg（缺以下）的占39.13%。

三、土壤中存在的主要问题及原因

（一）土壤偏酸

由于长期施用过磷酸钙、氯化钾等生理酸性肥料；有机肥用量减少，土壤缓冲性差等因素，致使土壤酸化较严重。而几乎所有的金属元素都与土壤酸度有关，酸度愈大，溶解度愈大，毒害也愈大，砷、汞、铬、锰、铜等在酸性土壤中易造成危害。

（二）有机质含量普遍不高

有机质是衡量土壤肥力水平的主要标志之一，是土壤肥力的物质基础。由于部分农户轻视有机肥料的投入，偏重施用化肥，造成土壤板结，有机质含量下降。

（三）土壤中氮、磷、钾之间比例不合理

氮、磷、钾施用不平衡，氮肥过量，钾肥缺乏，导致氮肥利用率下降，施肥成本增高，肥害增多。过量施用氮肥导致蔬菜硝酸盐积累，硝酸盐在人体中被还原为亚硝酸盐，进而形成强致癌物亚硝胺，影响人体健康。磷肥过量，进入河流、湖泊，造成水体富磷化。钾是作物生长发育不可缺少的营养元素之一，是影响作物品质的"品质因子"。在氮、磷充足的基础上施用钾肥，不但能够提高农作物的产量，而且能够改进农作物的品质，如钾可增加作物的含糖量，改进纤维的品质，增加蔬菜中维生素的含量等。

（四）微量元素硼、钼缺乏

在此次检测中，发现土壤中微量元素硼、钼缺乏。

四、加强耕地地力建设有关建议与对策

（一）调节土壤酸碱度，提倡科学合理施肥

（1）增施有机肥，增强土壤对酸化的缓冲能力。

（2）科学施肥。控制氮肥用量，尽量不用过磷酸钙、含氯钾肥等生理酸性肥料，改用钙镁磷肥、硫酸钾等肥料，既可调节土壤酸碱度，又可补充镁、钙、硫等元素，提高蔬菜的品质。

（3）施用石灰中和酸性，对 pH 值<5.5 的土壤，翻耕时每亩施用石灰 50~100kg，与土壤充分混匀，可提高土壤 pH 值，对土壤病菌有杀灭作用。

（二）提高土壤中的有机质含量

（1）增施有机肥料。

（2）推广应用秸秆还田技术。充分利用稻草、豆秆等现有资源，提倡采用秸秆还田技术来增加土壤的有机质，如上海市崇明地区通过油菜籽壳还田技术改良土壤有机质、增加土壤中速效钾含量，取得了非常好的效果。本地油菜秆直接还田省工省力，不影响拖拉机翻耕，值得推广。

（3）推广种植绿肥。充分利用冬闲田，通过种植绿肥，来增加土壤中的有机质，特别是在黄桃基地、蜜梨基地中，套种绿肥来改良土壤质地，是一种非常好的方法。

（三）推广测土配方施肥技术

（1）在增施有机肥的基础上，控氮、稳磷、增钾、补微，协调作物营养需求。

（2）大力推广应用测土配方施肥、精确施肥等技术。

（3）大力推广应用有机无机复合肥、高效生物肥、作物专用肥等新型肥料。

总而言之，全县 7 个省级无公害生产基地土壤中养分情况总体是好的，但存在土壤偏酸、有机质下降、土壤中大量元素施用不合理、个别微量元素缺乏等情况。通过增施有机肥，稻草、豆秆还田等方法，改良土壤质地，加强无公害生产基地的环境保护，维持无公害农业发展的可持续性。

附录1 嘉善县行政区划图

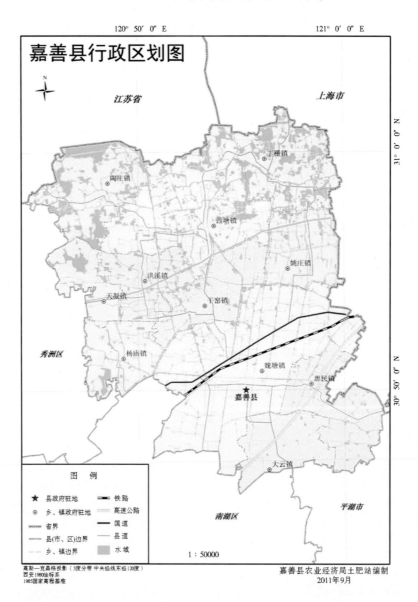

附录 2 嘉善县水系分布图

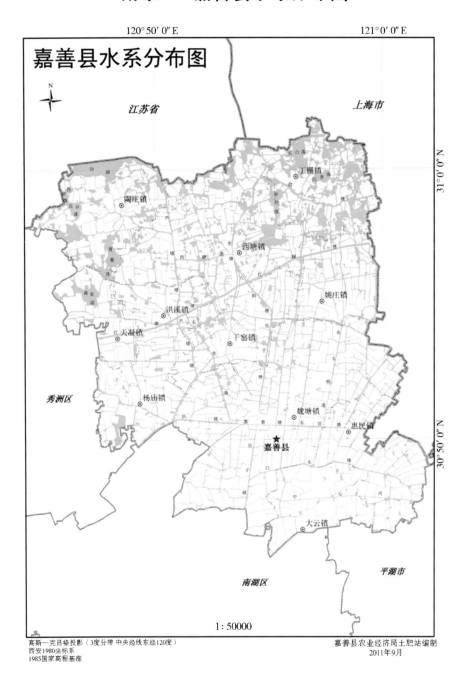

附录3　嘉善县耕地地力评价采样点分布图

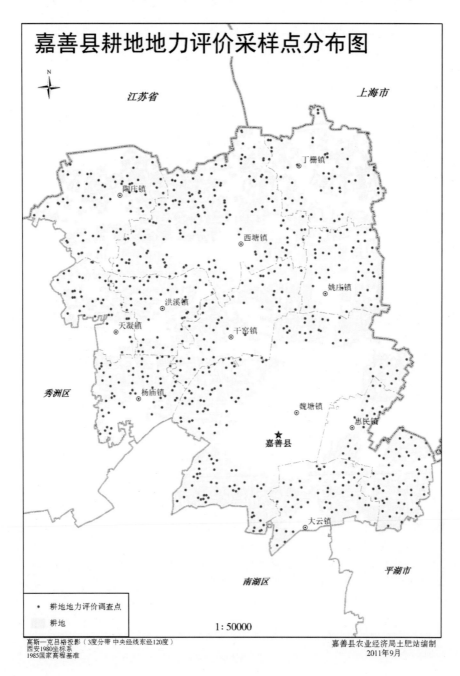

嘉善县耕地地力评价采样点分布图

附录4 嘉善县耕地地力评价分等图

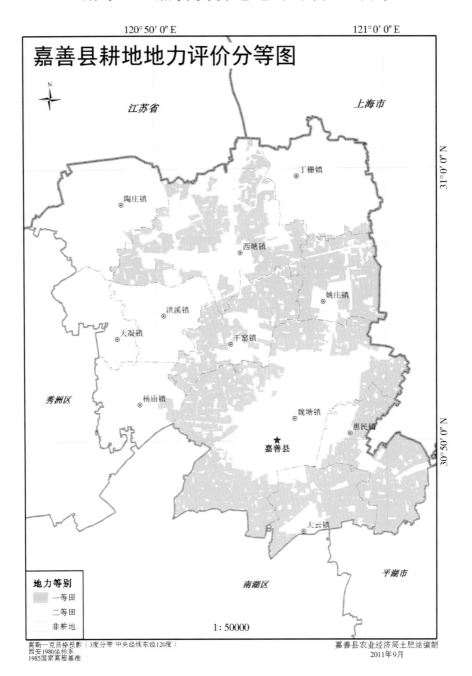

附录 5 嘉善县耕地地力评价分级图

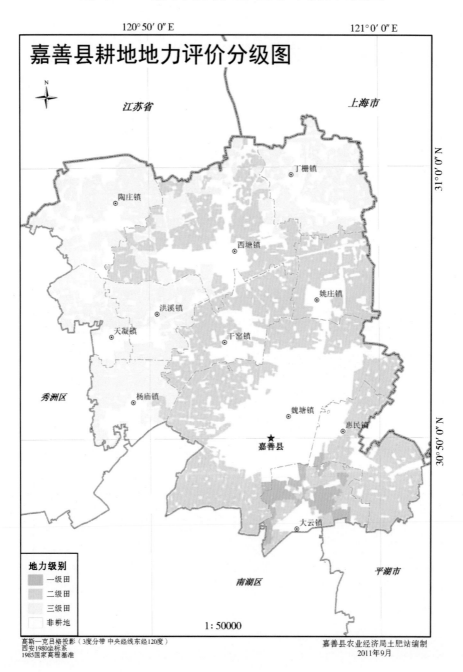

嘉善县耕地地力评价分级图

附录6 嘉善县土壤 pH 值分布图

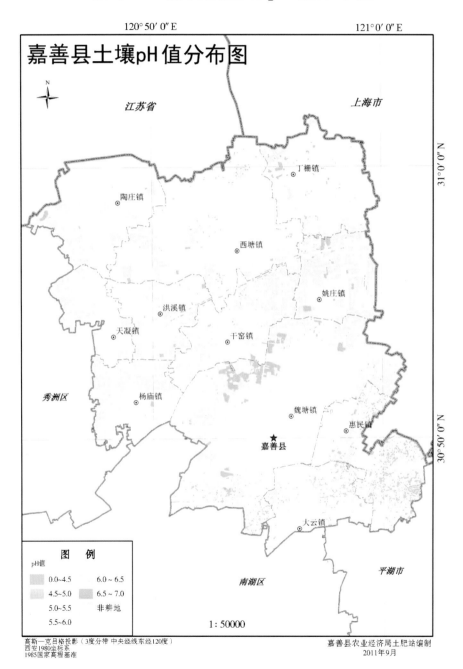

附录7 嘉善县土壤有机质分布图

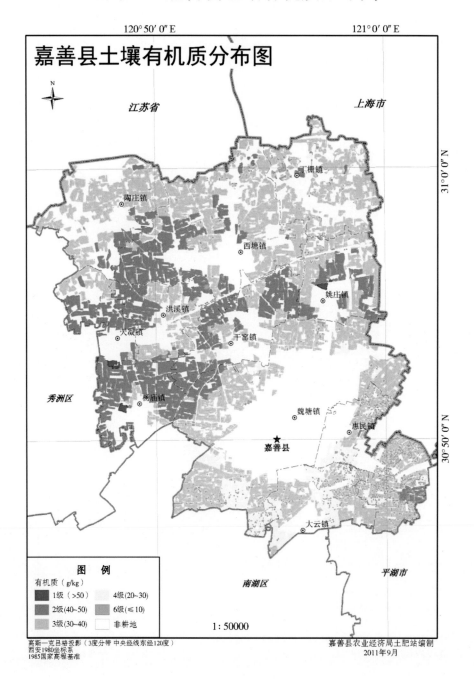

附录8 嘉善县土壤全氮分布图

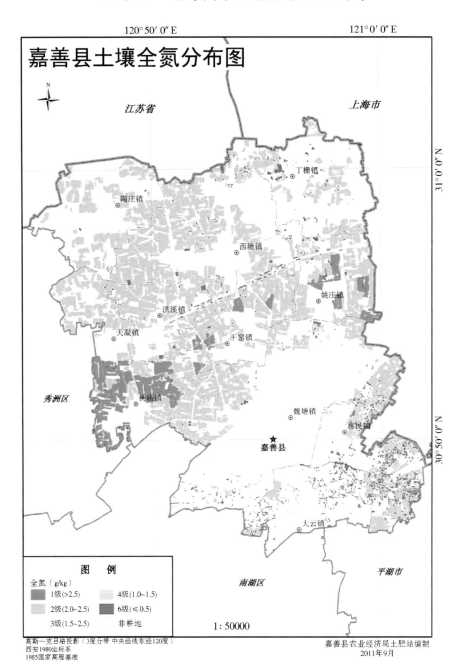

嘉善县土壤全氮分布图

附录9 嘉善县土壤有效磷分布图

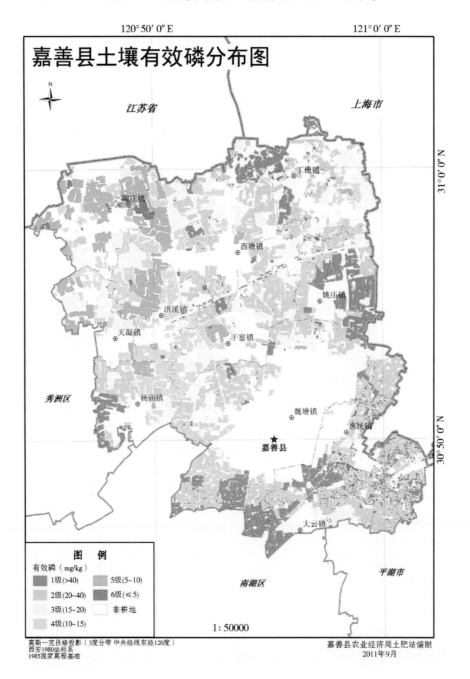

图例

有效磷（mg/kg）

- 1级(>40)
- 2级(20~40)
- 3级(15~20)
- 4级(10~15)
- 5级(5~10)
- 6级(≤5)
- 非耕地

1:50000

高斯—克吕格投影（3度分带 中央经线东经120度）
西安1980坐标系
1985国家高程基准

嘉善县农业经济局土肥站编制
2011年9月

附录 10 嘉善县土壤速效钾分布图

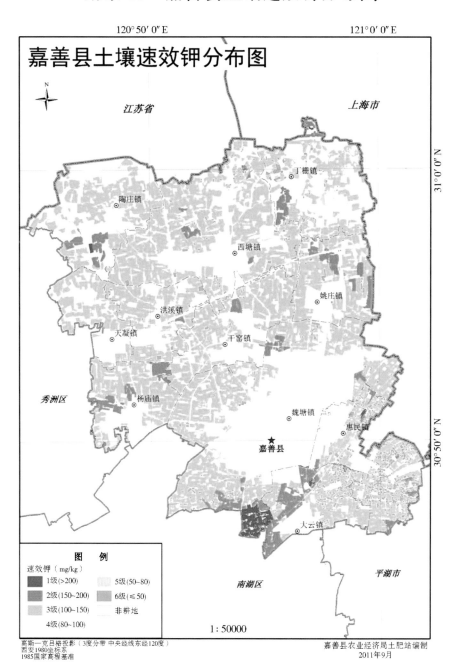

附
录

附录 11　嘉善县土壤分布图

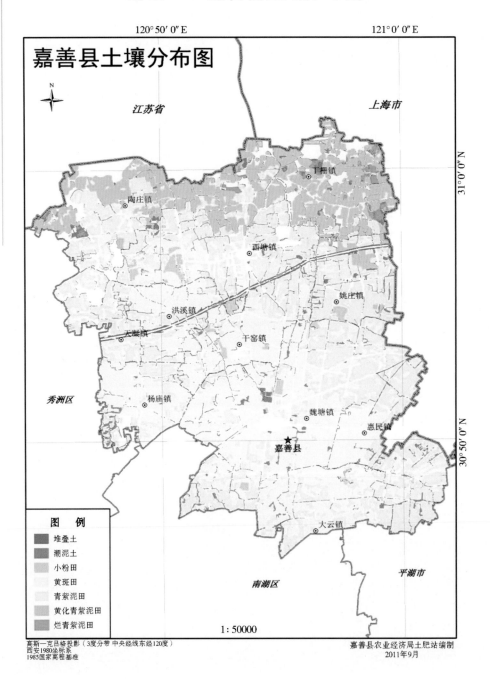